Expuestos

Expuestos

Las nuevas reglas del mundo transparente

SERGIO ROITBERG

conecta

Expuestos
Las nuevas reglas del mundo transparente

Primera edición en Argentina: julio, 2018
Primera edición en México: marzo, 2019
Primera reimpresión: mayo, 2019

D. R. © 2018, Sergio Roitberg

D. R. © 2018, Penguin Random House Grupo Editorial, S. A.
Humberto I, 555, Buenos Aires
www.megustaleer.com.ar

D. R. © 2019, derechos de edición mundiales en lengua castellana:
Penguin Random House Grupo Editorial, S. A. de C. V.
Blvd. Miguel de Cervantes Saavedra núm. 301, 1er piso,
colonia Granada, delegación Miguel Hidalgo, C. P. 11520,
Ciudad de México

www.megustaleer.mx

ISBN: 978-607-317-655-2

Impreso en México – *Printed in Mexico*

El papel utilizado para la impresión de este libro ha sido fabricado a partir de madera procedente
de bosques y plantaciones gestionadas con los más altos estándares ambientales, garantizando
una explotación de los recursos sostenible con el medio ambiente y beneficiosa para las personas.

Penguin
Random House
Grupo Editorial

A mis hijos, Michel, Cala y Max
A Valeria, mi compañera de vida

Índice

Prólogo

¿Quién no se siente en la actualidad desorientado ante los cambios constantes y radicales a los que nos vemos expuestos? En los últimos tiempos la tecnología evolucionó tanto, de manera tan drástica e ininterrumpida, que comenzó a modificar las bases mismas sobre las que los seres humanos nos veníamos organizando desde hacía siglos; alterando nuestras formas de trabajar, relacionarnos y vivir. Se trata de cambios exponenciales a los que nos enfrentamos diariamente y que están erosionando muy rápido todas nuestras certezas.

La disrupción es tan profunda que incluso aquello que considerábamos verdades inmutables está siendo cuestionado. La tecnología médica, por ejemplo, con su capacidad cada vez mayor para editar y reescribir material genético —reparando nuestro cuerpo a medida que se va deteriorando, producto de la edad y de enfermedades— no hace sino poner en duda la idea misma de mortalidad. Pero no solo en el caso de la medicina, sino que muchos conceptos, nociones y objetos cotidianos han comenzado a transformarse ante nuestros ojos y a volverse prácticamente irreconocibles.

Hoy, cuando pensamos en un automóvil, imaginamos un vehículo con dos asientos delanteros y tres traseros mirando hacia adelante; un volante del lado izquierdo; pedales; un parabrisas; cuatro ventanas a los costados; una pequeña ventana alargada atrás; y una trompa lo suficientemente amplia como para alojar un motor de combustión. Además, el auto —en el presente— es concebido como un bien mayormente privado, propiedad de una persona que lo utiliza como su medio de transporte particular.

Pero cuando los autos sean eléctricos, funcionen sin la necesidad de un chofer y estén conectados a Internet de las cosas —una red de objetos que incluye autos y semáforos, pero también heladeras y trenes—, es muy probable que su fisionomía sea completamente distinta: ¿para qué colocar los asientos mirando hacia el frente si no hay nadie que maneje? Si todos somos pasajeros, ¿por qué no ordenarlos en ronda, como si fuera el living de una casa? ¿Y para qué tener un parabrisas, si nadie precisa ver a través de él? Si no hay motor de combustión, ¿para qué dotar al vehículo de una trompa tan larga? Ni qué decir del volante y de los pedales.

Y, más todavía, si el auto está conectado con todos los objetos que lo rodean y puede *ver*: ¿para qué mantener la distancia con el vehículo que va delante? Además, esta misma conexión hace posible que podamos llamarlo desde cualquier lado, por lo que se vuelve innecesario estacionarlo: en lugar de dejarlo esperándonos, ¿por qué no, mejor, convocarlo en el momento en que lo requiramos? ¿Y por qué entonces no compartirlo con alguien más, para que —cuando nos lleve— también lleve a otra persona?

Así resulta que lo que siempre imaginamos como un auto ya no se parece en nada a un auto. Es más, dada la transformación radical del principal medio de transporte urbano, ya la ciudad no se parece tampoco a una ciudad, tal como la vivimos y concebimos en la actualidad, porque no hay bocinazos, ni embotellamientos, ni autos estacionados. Ni siquiera hay ruido de motores.

Pero no solo los objetos, sino también la forma en que nos relacionamos unos con otros ha sido impactada por estos cambios tecnológicos. Gracias a esos mismos avances que ahora conectan todos los objetos de nuestras vidas, los seres humanos estamos interconectados entre nosotros; fundamentalmente a través de nuestros *smartphones*, aparatos inteligentes que llevamos en el bolsillo y que nos convierten casi en *cyborgs*, superhumanos con acceso ilimitado al conocimiento (Google), a bienes (Amazon, Uber) y a cualquier persona del planeta (Facebook, Instagram).

Este libro nació como una hoja de ruta para entender esta nueva forma de relacionarnos, en el contexto de la actualización permanente del mundo que nos rodea. Aquí presento un marco conceptual propio —el Pensamiento Orbital— que pretende ser una herramienta útil para describir la realidad actual, en la que cambios como los recién mencionados han *recategorizado* al ser humano: ya no somos *targets*, es decir, meros entes pasivos, sino actores empoderados con acceso a la información y con la posibilidad de diseminarla de forma inmediata y exponencial.

Esta nueva situación ha alterado el equilibrio de poder entre las personas. Mientras que antes solo unos pocos contaban con acceso a los medios de comunicación masiva y podían expresar sus ideas, haciendo primar sus intereses, hoy todos tenemos el mismo poder y la misma posibilidad de ejercer nuestra influencia sobre los demás. Por eso el viejo modo de relacionarnos —basado en la idea de un emisor activo y un receptor pasivo— en la actualidad ya no funciona. El asunto ahora no pasa por comunicar cosas a otro, sino por *conectar* con él.

El mundo actual es *orbital* porque todos pertenecemos a una o varias órbitas, aquellos lugares (tanto reales como virtuales) donde interactuamos con nuestros amigos, familiares, colegas y jefes, pero también con personas que quizás nunca hemos conocido cara a cara, como algunos conciudadanos o incluso gente de otros países con la que, por ejemplo, jugamos al póquer a través de una aplicación en nuestros teléfonos. En estas órbitas en las que nos movemos, casi no hay barreras al flujo de la información. Por ello conectamos con nuestro entorno en un contexto de transparencia —como si estuviéramos expuestos en una gran vidriera—, dentro del que ya no ocurren actos de comunicación aislados, sino conversaciones simultáneas.

La noción de Pensamiento Orbital parte de la idea de que en el mundo actual ya no podemos optar por participar o no de esas conversaciones; por el contrario, nos vemos involucrados en ellas de manera indefectible. Ahora bien, para que estas —que son obligatorias— puedan sin embargo ser productivas, deben darse sobre la base de un Propósito Compartido que, como tal, tenga en cuenta tanto el interés particular como el colectivo. Por eso el libro es también la evolución de la idea de Simon Sinek, el gurú del *management* que revolucionó el mundo de los negocios con el poder del empezar por el porqué, una teoría que explicó que ninguna empresa puede ser exitosa si no entiende el porqué de lo que hace. El Propósito Compartido, corazón del libro, toma el empezar por el porqué y lo expande: no solo necesitamos encontrar el porqué de lo que hacemos, sino que es necesario tener en cuenta los intereses particulares y colectivos. De este modo logramos conectar.

Todos los que queramos participar del mundo de hoy tenemos que entender esta lógica: ya no es posible comunicar desde nuestro interés particular, aunque sepamos por qué hacemos lo que hacemos. Quienes —además de participar— deseemos avanzar, debemos comprender que este nuevo mundo responde a nuevas reglas: la velocidad, la transparencia, la colaboración y la conciencia social. Estas cuatro fuerzas moldean todas las interacciones actuales y no pueden ignorarse.

Los próximos capítulos son un puente imaginario que nos llevará a conocer cómo participar en este nuevo mundo, en el que la gente se maneja, compra, se entretiene, conversa y vive de manera distinta.

Algunos le atribuyen a Albert Einstein, genio de la física y padre de la teoría de la relatividad, la siguiente frase: "La definición de la locura es hacer la misma cosa una y otra vez esperando obtener resultados diferentes". Yo no sé si es suya o no, lo que sí sé es que, si insistimos en hacer siempre lo mismo a pesar de que el entorno cambia constantemente, entonces estamos incluso más allá de la locura.

Los invito a animarnos a hacer las cosas de un modo diverso y aprovechar así toda la potencialidad del mundo de hoy.

Espero que lo disfruten.

1

Cambia, todo cambia

Hasta hace poco todos vivíamos con ciertas certezas. Por ejemplo, en la escuela aprendimos que los seres vivos nacen, crecen, se reproducen y mueren. Nos lo enseñaron como una verdad irrefutable, indiscutible.

Ahora esa certeza ya no es tan cierta. Según expertos en ciencia, la posibilidad de "editar" nuestro ADN para escaparle a la mayoría de las enfermedades fatales que hoy nos aquejan está a la vuelta de la esquina. Sí, como lo leen. Casi podría decirse que, excluyendo algún accidente catastrófico, en algún momento llegaremos a no morir. O por lo menos viviremos hasta los ciento cincuenta años; editando, borrando o reemplazando aquellas partes de nuestro cuerpo que con la edad nos van limitando.

Es verdad que, en 1996, con la famosa clonación de la ovejita Dolly, empezamos ya a vislumbrar un futuro en el que elegiríamos los ojos, la altura e incluso el sexo de nuestros hijos; replicaríamos órganos para hacer trasplantes; o produciríamos humanos con ciertas habilidades específicas. El proceso dio lugar a feroces debates éticos acerca de si el ser humano puede o debe inmiscuirse en un trabajo que los creyentes creen tarea de Dios y los no creyentes, de la naturaleza. Pero la clonación de

Dolly era un proceso extraordinariamente complicado, al que la mayoría de nosotros no teníamos acceso.

Ahora tenemos a CRISPR, un mecanismo mucho más sencillo que permite editar genomas con una precisión, eficiencia y flexibilidad inéditas,[1] alterando secuencias de ADN y modificando las funciones de los genes para corregir defectos y prevenir enfermedades. Es un avance tecnológico que abre un futuro libre de afecciones incapacitantes o mortales. Por todo esto, su difusión —al igual que la de la mayoría de las nuevas tecnologías— es mucho más difícil de contener. "La innovación está sucediendo a nivel global; no se la puede detener. CRISPR se ha convertido en una de las tecnologías más maravillosas y al mismo tiempo más mortíferas. Los Estados Unidos podrían intentar prohibir el uso de CRISPR para editar embriones humanos, pero los chinos lo están haciendo, a gran escala. ¿Y quién detendrá a los chinos?", me dijo Vivek Wadhwa, investigador del Colegio de Ingeniería de la Universidad Carnegie Mellon en Pittsburgh, una de las principales universidades de los Estados Unidos.

Impresionante, ¿no? La tecnología es ya imparable. Tanto que me pregunto: si prácticamente estamos a un paso de vencer a la muerte, ¿habrá algo que nos resulte imposible?

Disrupción total

Vivir en el mundo actual implica vernos expuestos a fuerzas extraordinariamente disruptivas. Como mencioné, ya no quedan

---

1. Zhang, Sarah. "Everything You Need to Know About CRISPR, the New Tool that Edits DNA". Gizmodo. Mayo de 2015. <www.gizmodo.com>.

certezas. Por eso, por ejemplo, no es de extrañar que aquel que compró una licencia para taxis con la creencia de que de esa manera tendría su futuro garantizado se encuentre de pronto con que existe Uber; o aquel que estudió diez años para recibirse de médico se vea reemplazado por un robot.

Los cambios son tan rápidos y tan frecuentes que, desde un punto de vista emocional, los psicólogos hablan no de cambio, sino de *procesos de sustitución*: "No hay un período de duelo, no hay elaboración de lo perdido", dice el psicoanalista Julio Moreno, miembro de la Asociación Psicoanalítica de Buenos Aires. Y no sirve de nada resistirse. ¿Para qué hacer duelos si —hoy por hoy— el mundo solo cambia para continuar cambiando? Esto mismo lo expresa Santiago Bilinkis, un argentino de la Singularity University en Silicon Valley, autor del libro *Pasaje al futuro*, que se describe a sí mismo como "emprendedor serial": "En los tiempos que vienen, lo único estable va a ser el cambio. Hoy todo es cuestionable, absolutamente todo. Nada está garantizado".

Porque los cambios son tan profundos que mueven cimientos y producen efectos en cascada. Pensemos, a modo ilustrativo, en uno de los ejes de las culturas occidentales (sobre todo en los países desarrollados): el auto. En estos momentos nos estamos asomando a la era de los autos eléctricos y autónomos. ¿Qué cambia con un vehículo de estas características? Según José Luis Valls, presidente de Nissan en América Latina, todo: "Hoy las ciudades están organizadas en función de la industria automotriz. Todas están diseñadas atendiendo la circulación de la gente en autos. Sobre la base del vehículo se hace el mapeo de rutas y cordones, de todo. Cuando tengamos el auto eléctrico, que podrá cargarse de modo inalámbrico mientras circula, deberemos colocar cordones eléctricos para cargar las baterías. El *autonomous driving* es otro factor que también va a modificar drásticamente la regulación y las leyes".

Lo que está pasando no es el mero progreso habitual del mundo; es un cambio de paradigma. La lógica misma con la que hasta hace muy poco concebíamos nuestro trabajo, nuestras relaciones, nuestra vida entera, se está transformando de forma radical. Y además lo está haciendo de manera exponencial. Los científicos lo tienen calculado: en los próximos veinte años veremos más cambios que en los últimos dos mil.

Para ilustrar la magnitud de la variación, repasemos un poco cómo era el mundo occidental hace veinte siglos. Apenas unos años antes, Jesús había nacido en Nazaret. Buena parte de la humanidad creía que la Tierra era plana, que América no existía, que el mundo estaba sostenido por cuatro elefantes y que las mujeres no tenían alma. La esperanza de vida no llegaba a los treinta años. La Gioconda no sonreía, Hamlet no dudaba, Romeo y Julieta no se amaban y el Quijote no peleaba contra ningún molino de viento. Muchos de los inventos que forman parte de nuestra vida cotidiana no existían: hace dos mil años faltaban más de mil para que la imprenta, la máquina de vapor, el teléfono, la radio, la televisión o la computadora vieran la luz. A pesar de la magnitud de estos avances —y de muchos otros no mencionados—, en los próximos veinte años las transformaciones serán más y más drásticas que todas las acontecidas en los últimos dos mil años de historia humana.

Es la famosa "cuarta Revolución Industrial". Erik Brynjolfsson, director de la Iniciativa sobre la Economía Digital del Massachusetts Institute of Technology (MIT), la llama también "la nueva era de las máquinas", y la define como una época en la que la tecnología se desarrolla a tanta velocidad que apenas nos es posible seguirle el tren: "El mayor desafío de nuestra sociedad en los próximos diez años —dice— va a ser adaptarnos lo suficientemente rápido".[2] Según Brynjolfsson, el hito que marcó esta nueva era fue la partida de ajedrez que Deep Blue, la supercomputadora desarrollada por IBM, le ganó al maestro ruso Garry Kasparov en 1997. Fue todo un acontecimiento que sucedió apenas hace poco más de veinte años. Actualmente, un programa de ajedrez que cualquiera puede tener en su teléfono celular es capaz de ganarle a un maestro de ajedrez humano.

Piénsenlo. La computación avanza a un ritmo nunca visto. Una PlayStation de hoy tiene más poder computacional que un ordenador militar de 1996. A esta velocidad, en veinte años más nuestro mundo será irreconocible, porque el cambio está expandiéndose para abarcar cada vez más sectores. Nos esperan transformaciones inimaginables.

"Estamos en el inicio de una transición histórica masiva que nos llevará a un nuevo sistema económico y a una nueva vida, cualitativamente muy distinta de la que tenemos ahora —explica Marco Annunziata, economista jefe de la empresa General Electric (GE)—. Pensamos que para dentro de unos veinte o veinticinco años estas nuevas tecnologías se habrán extendido y habrán modificado todo el sistema industrial, pero para llegar a una transformación completa. En apenas cinco años ya podremos ver cambios sustanciales, algunos de esos ya están sucediendo".[3]

2. *The Digital Industrial Revolution*. Podcast TED Radio Hour. National Public Radio. Abril de 2017. <www.npr.org>.

3. *Ibid.*

Todo es culpa de la convergencia

La disrupción generalizada no es producto de una tecnología en particular. Como advierte Wadhwa, "son varias las tecnologías que avanzan exponencialmente y convergen. Es la convergencia la que causa la disrupción". Valls, de Nissan, coincide: "Tenemos una industria que desde 1870 cuenta con más de cien años de evolución de un único mecanismo de combustión, los combustibles fósiles. Ahora, en cinco años vamos a pasar a una industria que va a ser eléctrica (...). Otro punto es la conectividad. Entonces hay tres pilares —*electrification*, *autonomous driving* y conectividad— que hacen que entremos en una disrupción total".

Por su lado, si pensamos en términos de empresas o compañías, tradicionalmente estas se encuentran organizadas a partir de determinadas especialidades verticales. Cada división se focaliza en una línea específica de productos o en un mercado vertical, y todas las inversiones se dirigen hacia esa vertical. Lo que sucede ahora es que varias verticales, o industrias, están convergiendo. Así, por ejemplo, como cuenta Wadhwa, Uber no es una empresa de transporte, sino que es una compañía de logística que utiliza teléfonos inteligentes y tecnología de GPS para generar una disrupción completa en la industria del transporte. "Muchas organizaciones no están organizadas para entender esto", agrega.

Y a nivel personal, ¿estamos listos para enfrentar este mundo?

Yo no sé si eso es posible. Como apunta José Luis Orihuela Colliva —doctor en Ciencias de la Información y profesor en la Facultad de Comunicación de la Universidad de Navarra, en España—, la adopción generalizada de innovaciones tecnológicas está produciendo un cambio cultural que no todos aceptan mansamente: "Cambiar la propia cultura adoptando nuevas herramientas es un proceso costoso en tiempo y aprendizaje, y no todo el mundo está dispuesto a hacerlo. Cuando el entorno cambia muy rápido, tienen ventaja los que pueden aprender y desaprender más rápido para adaptarse mejor. Hay oportunidades para quienes vislumbren en cada momento qué nuevas necesidades crean las últimas herramientas que hemos adoptado".

No es casualidad que uno de los atractivos más importantes del presidente de los Estados Unidos Donald Trump durante su campaña de 2016 fuera su promesa de volver al país del pasado. Muchas personas sienten que las nuevas tecnologías están dejándolas a un lado del camino y la idea de hacer retroceder el reloj resulta muy seductora para ellas.

Y es que el ser humano hasta ahora no estaba preparado para un futuro vertiginoso como el que estamos a punto de vivir. Los seres humanos "tenemos una tendencia a la inercia, a seguir las líneas de la historia, a continuar con lo que viene pasando —reflexiona Moreno, y cuenta que esta inercia solía estar presente, por ejemplo, en el juego de los niños—. Los niños jugaban al pasado, los juguetes eran una esencia pura de la historia. Eso habla de una continuidad de las cosas, como si los niños, sin siquiera saber que lo estaban haciendo, se hubieran dedicado a repetir la historia". Y añade: "En este momento los chicos iluminan algo que está pasando, que es que juegan al futuro. Y no solo al futuro, sino que se trata de un futuro incierto. En ese sentido los chicos están más preparados para los cambios, para que ocurran cosas inciertas. En cambio, en nuestra época estábamos más preparados para hacer continuidades de la historia".

Pero hay maneras de prepararnos para este nuevo contexto —al menos un poco—, para que la realidad no nos tome tan desprevenidos y podamos aprovechar las múltiples oportunidades que se nos van a abrir.

La forma más evidente es por supuesto a través de la educación. Sin embargo, hoy en países avanzados como Estados Unidos, muchas escuelas continúan enseñando como hace cincuenta años: sientan a los pobres alumnos en una silla, los educan —a fuerza de copiar y repetir— en el viejo método de la memorización, y después los evalúan mediante cuestionarios de respuestas múltiples. No es de sorprender que las tasas de chicos con déficit de atención se hayan disparado. Solo entre 2003 y 2011, según el Centro de Control de Enfermedades de Estados Unidos (el ente gubernamental que se encarga de temas de salud pública), la cantidad de niños diagnosticados con síndrome de déficit de atención e hiperactividad subió de 7,8 a 11 por ciento. Como es lógico, el Centro se cubre las espaldas alegando que no puede saberse qué proporción del aumento se debe a que, como el síndrome es cada vez más conocido, hay más padres que consultan y por lo tanto más niños que reciben un diagnóstico.

Pero seamos realistas: ¿podemos verdaderamente esperar que chicos que apenas nacen son expuestos a pantallas, *tablets* y otras tantas tecnologías que los estimulan visual y auditivamente se sienten tranquilos y presten atención mientras la maestra repite la tabla del siete? Damián Fernández Pedemonte, director de la Escuela de Posgrados en Comunicación de la Universidad Austral, lo tiene muy claro: "La de los docentes es una profesión muy conservadora. Hay un divorcio tremendo: los chicos se aburren en la escuela. Esta epidemia de déficit de atención e hiperactividad puede tener que ver con la existencia de una brecha entre lo que los alumnos podrían o querrían hacer en el aula y lo que les están ofreciendo. Hay mucho para hacer".

Asimismo, mientras que antes un papel fundamental en la socialización lo cumplía la lengua escrita, en la actualidad el modo en que nos informamos, interactuamos y nos relacionamos es predominantemente visual. Como reflexiona María Ángeles Marín Gracia, de la Universidad de Barcelona y autora de *Identidades físicas y digitales en un mundo global interconectado*, "esto está generando muchos cambios cognitivos. La manera de razonar y dialogar ya no es la misma. La multitarea es una cuestión asumida tanto por hombres como por mujeres. Estamos cada vez más acostumbrados al planteamiento visual del hipertexto, a tener muchas cosas funcionando a la vez. Esto se ve en los razonamientos, en las opiniones de los alumnos en las clases, en cómo redactan, en cómo presentan los trabajos". Y afecta también a la atención: "Estamos modificando cómo organizamos la atención; de una atención concentrada estamos pasando a una dispersa".

Cualquiera que haya tenido la suerte (o la desgracia) de estar al frente de una clase de la escuela secundaria sabe a qué se refieren Marín Gracia y Pedemonte: docentes obligados a cumplir con un programa determinado y alumnos dispersos, interesados en muchas cosas a un mismo tiempo y —por lo general— más atentos a lo que sucede fuera del aula, en el mundo real.

Por eso la educación tiene que cambiar. Pero tiene que transformarse teniendo en cuenta que el contexto en el que está inserta no deja de moverse. La educación de hoy debe estar sintonizada con el futuro, no con el presente. El mundo que se abre ante nosotros es un lugar donde el aprendizaje debe ser permanente. Y vuelvo a Bilinkis: "En un mundo que cambiaba lentamente, se podían dedicar los primeros veinte años de vida a estudiar, luego recibirse y más tarde ejercer una profesión. Hoy ese modelo no tiene más sentido. La formación tiene que ser algo que se vuelva parte estable porque, si no, nos vamos a ir desactualizando como profesionales y rápidamente vamos a quedar obsoletos".

De humanos a cyborgs

El mundo laboral también se encuentra expuesto a estos cambios profundamente disruptivos. Si bien hasta el momento existe cierto consenso en que la tecnología genera más puestos de trabajo de los que desmantela, esta ecuación podría revertirse fácil si los profesionales, las empresas, los empleados e incluso los gobiernos no entienden que hoy la cuestión no pasa meramente por actualizarse sino, en especial, por prepararse para funcionar con un nuevo paradigma.

Según el Foro Económico Mundial, para 2020 las máquinas ocuparán cinco millones de puestos que hoy realizan los seres humanos. No es un mero salto tecnológico. Este cambio afecta la base misma sobre la que están apoyadas las sociedades modernas. En la actualidad, el 90 por ciento del planeta practica alguna forma de capitalismo; es decir que millones de personas en el mundo viven de intercambiar su tiempo y esfuerzo por dinero. Viven de su trabajo. ¿Qué pasará con esa gente cuando las máquinas la reemplacen?

Como sostiene Bilinkis: "Supongamos que pudiéramos chasquear los dedos y todo lo que fuéramos a hacer lo hicieran las máquinas. Todos los bienes se producirían igual, con lo que podríamos seguir cobrando nuestro sueldo. Esto sería la panacea. La situación contraria sería que unos pocos fueran los dueños de las máquinas y no permitieran que nadie que no trabajase tuviera ingresos". Precisamente este tipo de dilemas es el que demanda de los líderes actuales una gran visión de futuro, para poder alinear nuestra sociedad con el nuevo mundo que se nos viene encima como un bólido.

En lo personal, cuando miro las noticias a veces me descorazono ante tanta miopía política. Escucho a políticos de la mayor potencia del mundo —Estados Unidos— discutir con respecto a si los impuestos deben subir o bajar, o si es necesario ponerle una penalidad al acero que viene de China; pero los temas importantes de hoy son mucho más fundamentales: ¿seguirá existiendo el trabajo? ¿Cómo garantizaremos las necesidades básicas de las personas si este desaparece? ¿Seremos nosotros quienes controlemos las máquinas, o las máquinas nos controlarán a nosotros? "Según cómo resolvamos este tipo de contradicciones y de qué manera solucionemos el problema del acceso a los bienes, la automatización del trabajo humano será una maravilla o un desastre", sintetiza Bilinkis.

Y esto es inminente. La inteligencia artificial ya está entre nosotros. Por ejemplo, existe algo similar a lo planteado por la película *Big Hero 6*, que contaba la historia de un robot sanitario inflable que poseía todos los conocimientos de un médico. Actualmente, los doctores son asistidos en la toma de decisiones clínicas por las llamadas "redes de neuronas artificiales", unos sistemas de computación inspirados en las redes neuronales biológicas que reproducen el modo de pensamiento del cerebro humano. Para cada caso, estos sistemas utilizan dos o más sets de información sobre el paciente y elaboran consejos específicos; por lo que realmente podemos decir que son mentes médicas artificiales. Aunque por el momento enfrentan barreras regulatorias o tecnológicas (como sucede en hospitales que no están por completo digitalizados), lo importante es no perder de vista que estas redes de neuronas artificiales existen.

La inteligencia artificial también está avanzando rápido en el terreno industrial. Para Annunziata, de GE, dentro de tan solo diez años en las fábricas "todo alrededor del trabajador —el equipo con el que interactúa, las diferentes herramientas— estará provisto de sensores que permitirán ver, escuchar y sentir, y que enviarán cantidades prodigiosas de información a máquinas de inteligencia artificial que analizarán los datos para operar el sistema cada vez con mayor eficiencia".[4]

Otros conciben un entorno laboral futuro más extremo aún, en el que la inteligencia artificial habrá reemplazado en su totalidad a la mente humana. Maurice Conti, ex jefe de Investigación e Innovación Aplicada de la empresa de software Autodesk, cuenta que las máquinas, de hecho, ya han empezado a recorrer el camino para dejar de ser herramientas "pasivas" y convertirse en "generativas":[5] "Las herramientas de diseño generativas usan una computadora y un algoritmo para generar diseños por sí mismas. Uno podrá ordenarle a una máquina, por ejemplo, que diseñe un dron lo más liviano posible, aerodinámicamente eficiente y con cuatro propulsores. La computadora entonces explorará la totalidad de soluciones posibles, millones de ellas, y

---

4. *Ibid.*

5. *Ibid.*

volverá con diseños que, a nosotros, los humanos, no podrían ocurrírsenos jamás. Y lo habrá hecho completamente sola".

Todos estos avances parten del mismo afán de crear una inteligencia artificial flexible, pensante y autodidacta; pero no está claro aún qué efectos tendrá esta sobre nuestras vidas. De hecho, existe una brecha en Silicon Valley —la cuna norteamericana de la inteligencia artificial— entre quienes creen que los robots crearán una sociedad más justa, amable y próspera, y quienes piensan que tienen el potencial de destruirnos.

Para Satya Nadella, CEO de Microsoft, la inteligencia artificial es clave para propulsar el crecimiento global: "No hay crecimiento global hoy. Por lo tanto, necesitamos avances tecnológicos, necesitamos inteligencia artificial", dijo durante el Foro Económico de Davos en enero de 2017. Y agregó: "Nuestra responsabilidad es hacer que la inteligencia artificial sirva para aumentar el ingenio y las oportunidades de los seres humanos. Creo que esa es la ocasión que se nos presenta y en lo que tenemos que trabajar".[6]

En la otra punta del espectro se encuentra Elon Musk, el genio sudafricano detrás de Tesla y SpaceX, quien admite abiertamente que una de las razones por las cuales fundó SpaceX fue para colonizar Marte y que la humanidad tuviera un lugar donde refugiarse en el caso de que una raza de robots hostiles tomara posesión de la Tierra. Para Musk, aunque los científicos pueden tener buenas intenciones, corremos el riesgo de que sus creaciones algún día se tornen incontrolables e incluso mortíferas.

6. Clinch, Matt. "Microsoft CEO Nadella: 'We have no global growth, we need AI'". CNBC. Enero de 2017. <www.cnbc.com>.

Como vemos, hay visiones claramente encontradas con respecto a lo que el futuro puede depararnos; pero ambos magnates de la tecnología coinciden en que la única forma de evitar la obsolescencia del ser humano es a través de una fusión entre la inteligencia biológica y la artificial. "Ya somos *cyborgs* —dice Musk—. El teléfono y la computadora son extensiones nuestras. Sin embargo, la interfaz se hace a través del movimiento de nuestro dedo o del habla: un proceso muy lento".[7] Si tuviéramos un enlace directo entre la máquina y nuestras neuronas, la conexión sería instantánea. "Creo que nos faltan aproximadamente cuatro o cinco años para crear ese enlace", asegura. Y debe tener razón, dado que un grupo de científicos del MIT ya está ayudando a personas con discapacidad a controlar partes robóticas con una interfaz conectada directamente al cerebro.[8]

¡Estamos hablando de la obsolescencia del ser humano y de convertirnos en *cyborgs*! Y eso no va a suceder en nuestras fantasías o en el año 20.000… ¡sino en menos de un lustro! Los cambios que estamos viviendo son sísmicos. No alcanza con adaptarse. Hay que replantearse todo.

7. Dowd, Maureen. "Elon Musk's Billion-Dollar Crusade to Stop the AI Apocalypse". *Vanity Fair*. Abril de 2017. <www.vanityfair.com>.

8. Brewster, Signe. "Telepresence Robot for the Disabled Takes Directions from Brain Signals". *MIT Technology Review*. Noviembre de 2015. <www.technologyreview.com>.

2

Hiperconectados

Todavía me acuerdo de cuando Steve Jobs presentó el iPhone. No era el primer teléfono inteligente ni el primero con cámara de fotos; ni siquiera era el primero con pantalla táctil y aplicaciones. Pero sí era el primero que reunía toda esa serie de características en un único dispositivo de manera cabal y que estaba diseñado con el usuario en mente (tanto era así que el manual de uso —aunque prácticamente innecesario, porque la utilización del aparato era inesperadamente intuitiva— consistía en un papel en forma de acordeón no más grande que una lista de supermercado).

Jobs no se equivocaba cuando, aquel 29 de junio de 2007, tomó el micrófono en la conferencia MacWorld para anunciar que su "bebé" lo cambiaría todo. Con el primer iPhone, la revolución móvil levantó vuelo y transformó el mundo hasta convertirlo en el planeta que conocemos hoy, en el que tenemos al alcance de nuestras manos un universo de contenidos, información y personas inmediatamente disponibles a través de un sinnúmero de canales con participantes infinitos. Pero ¿por qué prendió con tanta fuerza el iPhone? La respuesta es simple: porque nos conectó de manera perfecta, y la conexión es una actividad profundamente humana. En el mundo actual todos estamos interconectados: redes sociales, aplicaciones... Estas formas de interconexión, sin embargo, ya son historia (y decir que nacieron anteayer).

También es historia prácticamente toda la economía colaborativa, a pesar de haber visto la luz hace menos de diez años. Todas las plataformas que conectan en forma directa a personas que tienen algún bien o servicio para ofrecer con potenciales clientes, como Airbnb o Uber, son modelos de esta economía, a la que se suman muchas *startups* —varias de ellas en América Latina— que proponen, por ejemplo, los préstamos y pagos entre pares (*peer-to-peer lending* y *peer-to-peer payments*) y ponen a toda la industria bancaria en jaque, como es el caso de Venmo. Hacia fines de 2013, la economía colaborativa movía más de 3500 millones de dólares solo en Estados Unidos; y cerca de un 40 por ciento de la población de Estados Unidos, Gran Bretaña y Canadá —en total, 123 millones de individuos— estaba involucrada en ella de un modo u otro.

Uber es, probablemente, el mejor ejemplo de este tipo de economía. Solo en Estados Unidos, son varios millones de personas los que utilizan diariamente este servicio, tanto en calidad de usuarios como de conductores que aprovechan sus autos personales durante unas cuantas horas de la semana para hacer un dinero extra. Sin tener activos tangibles, para mediados de 2016 la compañía ya estaba valuada en más de sesenta y dos mil millones de dólares. No obstante, la idea en que se basa es bastante sencilla: mediante el uso de herramientas tecnológicas como la geolocalización, Uber conecta a aquellos individuos que desean brindar un servicio con su activo (su tiempo y su vehículo en los momentos libres), con otros que quieren tener la

posibilidad de elegir su medio de transporte; todo de manera veloz, transparente y colaborativa.

Otro buen ejemplo es Airbnb, que nació en San Francisco
cuando un grupo de amigos decidió poner en alquiler un conjunto de colchones inflables que había colocado en el living de
su casa. De ahí el nombre: Air Bed and Breakfast, que luego se
contrajo al difundido Airbnb. Un éxito sencillo: ofrecer habitaciones desocupadas ya existentes a precios sumamente competitivos. Y así el mercado hotelero de las ciudades en las que opera
la plataforma comenzó a resquebrajarse. Aunque el contraste
puede no resultar tan sorprendente en la actualidad, un buen
dato para medir la popularidad de Airbnb es que, mientras a la
cadena de hoteles Hilton le tomó casi cien años reunir setecien-
tas mil habitaciones, a esta nueva alternativa —gracias a la tecnología— solo le llevó seis años juntar un millón.[9]

Esto —y muchísimo más— es posible gracias a los teléfonos
inteligentes. ¿Alguien duda de que Steve Jobs tenía razón cuando dijo que su flamante teléfono de diez centímetros de alto pro-
vocaría una revolución? Hoy, si queremos transporte, compañía,
ropa, productos de limpieza, música para meditar, una clase de
yoga o el diario de mañana, lo más probable es que podamos
conseguirlo con un par de clics desde nuestro teléfono celular.

Sin embargo, como mencioné antes, esto ya es historia: la
nueva revolución de la interconexión consiste en sumar millones
de objetos a esa interminable red de personas.

---

9. Weed, Julie. "Airbnb Grows to a Million Rooms, and Hotel Rivals Are Quiet,
for Now". *The New York Times*. Mayo de 2015. <www.nytimes.com>. "Hilton
Worldwide Reaches 700,000 Room Milestone". Hilton Hotels. Agosto de 2014.
<www.newsroom.hilton.com>.

Un sistema nervioso planetario

Internet de las cosas (IoT, por su nombre en inglés, *Internet of Things*) es un concepto que describe una red conformada no ya por personas, sino por cosas. Se trata de millones de millones de objetos —electrodomésticos, autos, aviones, carreteras, luces, sistemas viales— que comienzan a estar conectados entre sí y a intercambiar información. Son, por ejemplo, los vehículos autónomos (que ya existen, pero no circulan por razones regulatorias); las heladeras que realizan los pedidos de supermercado de manera virtual en cuanto registran que se está acabando aquel producto que habitualmente consumimos; los sistemas de calefacción conectados a nuestros teléfonos móviles que se encienden cuando estamos llegando a nuestros hogares; los electrodomésticos que recomiendan los mejores horarios para encenderlos en función de la demanda de energía; o los sistemas de riego que se activan o suspenden según el pronóstico meteorológico.

Para 2020 se espera que haya cerca de veintiséis mil millones de dispositivos conectados, un número que superaría ampliamente la cantidad de celulares.[10] De este modo, no solo estaremos conectados entre nosotros, sino también a nuestros objetos, lo que generaría una red de información infinita. En otras palabras, es como si la Tierra estuviera desarrollando un sistema nervioso central interconectado a través del cual fluyera toda la información del planeta.

El diseñador e innovador Maurice Conti, de Autodesk, asegura que pronto llegará el día en que la hiperconectividad nos

10. Gartner Newsroom. <www.gartner.com/newsroom/id/3598917>.

convierta en "superhumanos trabajando juntos con las máquinas": "Ya tenemos una vinculación con la tecnología que nos ha permitido lograr grandes cosas. La diferencia con la situación actual es que la velocidad a la que están llegando estas nuevas tecnologías y la velocidad a la que las estamos adoptando nos llevará a algo que se sentirá más como una amplificación [de nuestros poderes] que como una simple mejora; algo así como un superpoder". Y añade: "Actualmente, nuestra capacidad ya está amplificada por el acceso a una cantidad infinita de información a través de Internet".

Big Data

La interconexión tiene un efecto secundario que, bien usado, puede ser extraordinariamente positivo para la humanidad: cada interacción digital entre personas o entre cosas deja marcas. Se trata de algo parecido al relato infantil *Hansel y Gretel*: del mismo modo en que los hermanos dejaron caer miguitas de pan para rastrear el camino que los conduciría de nuevo al hogar; nosotros, cada vez que realizamos una operación online —transferencias, búsquedas, diálogos en redes sociales, compras, consultas en el GPS—, dejamos huellas en la red. Solo que en este caso —a diferencia de las migajas del cuento— la información que es volcada perdura, se almacena y puede ser analizada y utilizada. Se trata, en realidad, de información muy valiosa.

Y no es poca cosa. Según datos brindados por la Unión Europea en 2015, ya en ese entonces se generaba una información equivalente a trescientos sesenta mil DVD en un minuto, es decir, un promedio de seis megabytes diarios por persona, una cantidad equiparable a la totalidad de los datos que producía en toda su vida una persona del siglo XVI.

El Big Data brinda, precisamente, la capacidad de almacenar, clasificar, analizar y compartir toda esta infinidad de datos para, a partir de ellos, efectuar mejoras en diversos campos como la medicina, la robótica, la industria o los negocios, entre muchos otros.

La tercera guerra mundial

Pero no todo lo vinculado a la hiperconexión es positivo. Hay fuerzas que están aprovechando la comunicación sin barreras y el enorme acceso a la información para intentar sembrar el caos en las democracias occidentales. Este es el caso, por ejemplo, de las famosas *fake news* que alteraron la campaña presidencial norteamericana de 2016 y causaron que las principales redes sociales —Facebook, Twitter y YouTube— tuvieran que comparecer ante el Congreso para explicar qué tipo de control tenían sobre lo que circulaba libremente en sus plataformas.

Es cierto que los servicios de inteligencia de los diferentes países siempre han llevado a cabo operaciones similares (comúnmente conocidas como "operaciones psicológicas") con las que pretendían confundir y desmoralizar al enemigo o —en los casos de lucha contra regímenes totalitarios— dar acceso a la población a información que estaba fuera de su alcance. Sin embargo, antes de la digitalización estaban limitados a tácticas como imprimir panfletos y dejarlos caer de un avión sobre las ciudades enemigas, difundir rumores a través de espías y agentes aliados o utilizar radios de onda corta (como la célebre Voz de América con la que Estados Unidos mantuvo informado a todo el bloque soviético acerca de lo que sucedía en Occidente durante la Guerra Fría, o la emisora uruguaya Radio Colonia, que transmitió para la Argentina muchas de las noticias censuradas por la dictadura militar de 1976-1983). Si lo que se buscaba era una llegada directa a la población, otra opción también era la "plantada" de historias ficticias en los medios de comunicación masiva, pero esta tarea se veía muchas veces dificultada por los editores, que se erigían en poderosos obstáculos.

La operación psicológica más notoria de nuestros días fue la intervención del gobierno ruso en las elecciones presidenciales estadounidenses. Los rusos no solo hackearon la campaña de la candidata demócrata Hillary Clinton, sino que difundieron cientos de noticias falsas —en algunos casos usando *botnets*, robots que se dedican a hacer posteos en las redes sociales— con el propósito de sembrar la discordia entre los norteamericanos, polarizar las elecciones y exacerbar el miedo o la lealtad a uno u otro partido. ¿Cuál fue su arma secreta? Las redes sociales. Con una modesta inversión de menos de medio millón de dólares,[11] Moscú compró avisos en las principales plataformas —entre ellas Twitter, Facebook y YouTube— y llegó a los ojos de más de 160 millones de personas.[12]

---

11. Gómez, Luis. "Exactly How Much Russians Spent on Twitter, Facebook Ads During Election". *The San Diego Union Tribune*. Septiembre de 2017. <www.sandiegouniontribune.com/opinion/the-conversation>.

12. Nota del autor: Esa cifra en realidad es relativa, porque mientras escribo este libro, los abogados de las tres plataformas están cabizbajos dando explicaciones al Congreso estadounidense y actualizando todos los días las cifras de la audiencia a la que llegaron los avisos truchos. No me extrañaría que cuando terminen de contar se den cuenta de que no quedó un norteamericano que no haya estado expuesto a alguno de esos avisos.

Para muchos expertos esto evidencia la intención de Rusia de reavivar la vieja guerra por medio de las redes sociales (algunos incluso hablan del comienzo de la tercera guerra mundial). Uno de ellos es John Pollock, periodista de la *MIT Technology Review* —revista sobre medios y nuevas tecnologías—, quien afirma que las herramientas digitales sirvieron al país de Europa del Este para modernizar una de sus principales tácticas de guerra: la *maskirovka* o "pequeña mascarada". El arma más poderosa de la *maskirovka* es la desinformación, una palabra que entró al vocabulario de los norteamericanos ya en los años 50 y que proviene del término ruso *dezinformatziya*. "Una generación después de la Guerra Fría, los reconocidos maestros de la 'deza' están desplegando la tecnología de la desinformación contra las democracias liberales", dice Pollock.

El mundo de hoy está tan hiperconectado que hasta la guerra se lleva a cabo a través de las redes.

Una actividad esencialmente humana

El escándalo producido por las *fake news* en Estados Unidos condujo a que las principales redes sociales tuvieran que presentarse ante el Congreso a dar explicaciones. Furiosos, los senadores criticaron las plataformas Facebook, Twitter y YouTube por su falta de control sobre los contenidos difundidos; y varios introdujeron proyectos de ley para que los avisos electorales emitidos por ellas estuvieran sujetos a las mismas regulaciones que las publicidades en los medios tradicionales. Unos meses después, al saberse que una consultora llamada Cambridge Analytica, que trabajaba para la campaña del entonces candidato a la presidencia de Estados Unidos Donald Trump, había utilizado de forma indebida datos de Facebook obtenidos exclusivamente para uso académico con el fin de identificar las ideas políticas de 50 millones de usuarios e influir sobre ellos, la indignación fue general. Sin embargo, por lo menos hasta el momento de la publicación de este libro, ningún político ha llamado a restringir la hiperconexión que permiten las redes sociales.

¿Por qué no se lleva adelante esta restricción? En realidad, en la opinión de Mark Zuckerberg —el fundador de Facebook—, la hiperconexión que posibilitan las plataformas como Facebook no es sino la versión más reciente de una actividad esencial para el ser humano, la de relacionarnos entre nosotros, que ha existido desde los albores de la humanidad y sin la que no podríamos vivir ni desarrollarnos. "La historia es el relato de cómo hemos aprendido a unirnos en grupos cada vez más numerosos, desde tribus hasta ciudades y naciones", escribió en 2017 en una carta publicada, justamente, en su página de Facebook (que tiene más de 98 millones de seguidores), cuando ya empezaba a despuntar el escándalo de las noticias falsas. "En cada etapa construimos infraestructuras sociales que nos fortalecieron y nos permitieron hacer cosas que no podríamos haber hecho solos", explicó Zuckerberg y, según él, Facebook es la infraestructura que nos conecta en el siglo veintiuno.

Si la necesidad de estar conectados es tan vieja como el mundo, lo nuevo es que hoy nuestras conexiones son infinitas e instantáneas. Y esto se ha convertido en la norma: nadie lo discute. De hecho, la sorpresiva victoria del Brexit en el Reino Unido y la elección de Trump —que se candidateó con una plataforma nacionalista y proteccionista— como presidente de los Estados Unidos expresan una tendencia marcadamente antiglobalizadora que cuestiona la apertura internacional del comercio o la integración europea, entre otros, pero no la hiperconexión producida por las redes sociales. Nadie alzó la voz contra esto. Hubo incluso quienes, ante las aparentes "debilidades" de las redes sociales destapadas con el escándalo de la intervención rusa en la campaña presidencial estadounidense, llamaron a crear... más Facebooks.

Para Brian Bergstein, editor de la *MIT Technology Review*, lo ideal sería crear más plataformas como Facebook que cubran distintos nichos y sirvan para ponernos en contacto con otras ideas y redes de personas.[13] Así la solución a los riesgos a los que nos vemos expuestos con la hiperconexión sería, aparentemente, más conexión.

La generación hiperconectada

La apuesta por un nivel cada vez mayor de conexión es propia de una nueva época, la de los *millennials* y los miembros de la generación Z, que nacieron y crecieron con la hiperconexión. Los *millennials* son nativos digitales. Los *genZers* son todavía más: son nativos móviles, porque nacieron con los teléfonos inteligentes. Para ellos la tecnología tiene características prácticamente mágicas: con un botón se llama un auto; con otro se compra un juego. Esperan que la tecnología esté a su servicio de manera inmediata y completa, y no pueden siquiera concebir la idea contraria. La tecnología es una de las dimensiones más importantes de su vida.

13. Bergstein, Brian. "We Need More Alternatives to Facebook". *MIT Technology Review*. Abril de 2017. <www.technologyreview.com>.

Por eso la vida de los nativos móviles se desarrolla tanto en el mundo real como en mundos virtuales. En lo personal, durante casi tres años miré sin entender cómo mis hijos Michel y Max se sumergían en un juego en el que lo único que parecía suceder era que se rompían ladrillos todo el tiempo. Era Minecraft, y mis hijos no estaban solos: más de ocho millones y medio de niños participaban del videojuego sin conocerse. Y como Minecraft existen muchos otros: World of Warcraft (con ocho millones de suscriptores alrededor del planeta), Habbo Hotel (con siete millones y medio de usuarios activos) o RunScape (con cinco millones de seguidores) son algunos de ellos. Cada uno de estos juegos posibilita infinitas conexiones que trascienden las fronteras geográficas, culturales e incluso lingüísticas.

Ya sea que estén sumidos en juegos en línea o escuchando música, viendo videos o interactuando con amigos a través de redes sociales y plataformas de chat (Facebook, Instagram, Snapchat, entre otros), el tiempo que los miembros de esta generación pasan frente a algún dispositivo es cada vez mayor.

Ellos tienen además una característica que los distingue: son visuales. Son chicos que están creciendo rodeados de imágenes y de estímulos audiovisuales mucho más que del lenguaje escrito. Esta tendencia, como hemos visto, tiene implicancias profundas en materia de educación, pero también en los medios de comunicación tradicionales: hoy, por ejemplo, los jóvenes ven más contenido audiovisual en Facebook, YouTube y otras plataformas que en televisión. Cuando converso con mis hijos sobre temas de actualidad, siempre me sorprendo de lo informados que están a pesar de no haberlos visto nunca leyendo un periódico (ni siquiera uno digital) o mirando un noticiero. Ellos, me dicen, se mantienen actualizados a través de Snapchat, con noticias que aparecen en la red previamente personalizadas —es decir, filtradas— según los intereses de cada usuario.

Y así van surgiendo nuevos medios de comunicación y nuevos personajes mediáticos como los *youtubers*, jóvenes de entre 17 y 25 años (en promedio) que crean contenidos audiovisuales y utilizan la plataforma de YouTube para conectarse con sus fans y mostrarles lo que hacen. Los *youtubers* son los Beatles de esta generación. Cada vez que van a algún evento, miles de adolescentes se movilizan para verlos. El chileno Germán Garmendia es uno de los más seguidos. En abril de 2017, su canal de YouTube había pasado los treinta y un millones de suscriptores y sus videos tenían más de tres mil millones de reproducciones. En Twitter contaba con más de nueve millones de seguidores y en Facebook, con más de dieciséis millones.

Por supuesto, este cambio en los medios tiene también su correlato en la industria del marketing: "Cuando Procter & Gamble tiene que comunicarse con chicas de alrededor de trece años que están comenzando a tener su período menstrual para promover sus tampones, no puede poner publicidad en televisión —dice José Luis Massa,[14] fundador y CEO de Club Media Networks, una empresa que sirve de vínculo entre *youtubers* y otras compañías—. Las chicas de esa edad ya no miran televisión. Procter tiene que sí o sí poner publicidad en YouTube, porque ahí está su audiencia".

14. Massa, José Luis. "Los diez youtubers más influyentes generan más audiencia que todos los canales para jóvenes". *La Nación*. Marzo de 2016. <www.lanacion.com.ar>.

Un espacio multipolar y caótico

Cada vez son más los jóvenes que no miran televisión y que acceden a la información a través de distintas plataformas. Pero no se trata solo del reemplazo de un medio por otro: en la actualidad el consumo de contenidos es, como nunca, voraz. De esta voracidad es precisamente que emerge el llamado *multiscreening*, la diseminación de la atención en diferentes pantallas o dispositivos que el usuario utiliza a un mismo tiempo. Por ejemplo, en 2016, durante el famoso campeonato anual de fútbol americano, el Super Bowl, el 73 por ciento de la audiencia miró el partido mientras navegaba en Internet con algún otro aparato, según una encuesta de la consultora Salesforce Research. Como señala Fernández Pedemonte, de la Universidad Austral, "los medios se combinan, se consumen durante todo el día. Eso hace que las audiencias se fragmenten y el poder de los medios caiga porque son parte de un mosaico. Con este fenómeno hoy se podría interpretar al espacio público como una red, como una interconexión. Antes había un centro. Hoy este espacio público es multipolar".

Sin embargo, la característica más saliente de la nueva forma de consumir contenido es que los nuevos medios han puesto la programación en nuestras manos: somos nosotros los que elegimos qué ver, cuándo, dónde y cómo.

Gracias a la posibilidad de hacer *streaming* de video por Internet, aparecieron nuevas alternativas a la vieja televisión (tanto de aire como por cable), e incluso a YouTube. En los Estados Unidos, servicios como Netflix, Hulu o Amazon Video están creciendo vertiginosamente. En todos ellos el usuario elige su propia programación y accede a ella en el momento en que lo desea y en el dispositivo de su preferencia. Según la revista

Consumer Reports, a comienzos de 2016 casi uno de cada dos hogares estadounidenses utilizaba algún servicio de *streaming*.

Esta tendencia a elegir la opción que más nos conviene no se limita a los medios: la tecnología ha producido en nosotros un empoderamiento que se extiende a muchas otras áreas. Por ejemplo, ya es un hecho que podemos descargar de Internet videos, canciones e incluso libros cuando queremos, pero ahora, con la creciente adopción del sistema de entrega de paquetes mediante drones y la estrategia de compañías de *e-commerce* como Amazon de abrir centros de almacenamiento cerca de la mayoría de los centros urbanos donde opera, el consumo de productos generales comienza a parecerse cada vez más al consumo actual de los medios. ¿Para qué abastecer nuestra heladera para toda la semana si el supermercado puede hacernos llegar un paquete de arroz o una bolsa de manzanas en una hora?

Esta posibilidad de conseguir lo que queremos cuando lo queremos y cómo lo queremos ha producido un cambio básico de mentalidad: nos sentimos empoderados. Y por lo tanto ya no nos comportamos como consumidores (o ni siquiera como ciudadanos) pasivos. Por el contrario, hemos asumido un rol activo: somos actores de nuestra propia historia. Ya no aceptamos que nos impongan agendas, ideas, estilos de vida o reglas de conducta.

La consecuencia más profunda de la hiperconexión, entonces, es que ha causado una redistribución del poder. Este es un cambio de magnitudes descomunales.

3

El fin del egoísmo

"¡La codicia es buena!". Este fue el grito de guerra del sector financiero y de la Bolsa de valores norteamericana (incluyendo también a todas las empresas que participan en ella) durante los años 80 y 90 y gran parte de 2000. La frase, pronunciada por el empresario Gordon Gekko, uno de los dos protagonistas de la película *Wall Street* de Oliver Stone, concentra en cuatro palabras la teoría imperante en aquel momento; la que decía que, en un sistema de libre competencia, enfocarse en el interés particular es la forma de crear valor para todos los participantes.

La lógica detrás de la teoría era la siguiente: al trabajar para maximizar las ganancias de los accionistas en un sistema competitivo, las empresas creaban valor para sus clientes (mediante precios competitivos), para sus empleados (mediante salarios competitivos) y para la sociedad (ofreciendo productos que respondieran a las necesidades de la comunidad). La película de Stone, estrenada en 1987, era por supuesto una crítica a esa convicción, pero también a una figura sumamente influyente en el campo de la teoría económica: el profesor de la Universidad de Chicago y Premio Nobel de Economía Milton Friedman.

En 1970, Friedman, que ganaría el Nobel en 1976 y luego se convertiría en el gurú económico del presidente estadounidense Ronald Reagan, escribió un artículo de opinión en el diario *The New York Times* que se transformó en uno de los escritos más influyentes de su época y resumía los argumentos de su libro *El capitalismo y la libertad*, publicado poco tiempo antes. Decía en el libro: "Llamo [a la idea de que los negocios tienen responsabilidad social] 'una doctrina fundamentalmente subversiva' en una sociedad libre, y digo que 'los negocios tienen una única responsabilidad social: usar sus recursos y llevar a cabo actividades cuyo objetivo sea incrementar las ganancias'". En el artículo, Friedman apelaba además a uno de los temores más frecuentes del pueblo norteamericano por ese entonces: el comunismo. La columna empezaba así: "Los empresarios que creen que defienden la libre competencia cuando declaman que la función de los negocios no es 'meramente' ser rentables, sino también promover objetivos 'sociales' deseables y que los negocios tienen 'conciencia social', y que toman en serio sus responsabilidades de proveer empleo, eliminar la discriminación, evitar la polución (...) están promoviendo el socialismo puro".

La idea de Friedman descendía en línea directa de las enseñanzas del padre del capitalismo, el escocés Adam Smith, que en su libro *La riqueza de las naciones* hablaba del efecto secundario —y supuestamente beneficioso— de la búsqueda del interés propio. La "mano invisible" del mercado, decía Smith, lo acomodaba todo y a todos beneficiaba. Esta teoría económica, la más clásica, es la que se enseña en las principales universidades, y la que pocos pudieron cuestionar con éxito (al menos en los Estados Unidos) hasta la crisis financiera global que comenzó en 2008.

Y entonces, el mundo cambió

¿Qué le sucedió entonces en 2016 a la CEO de la empresa farmacéutica Mylan, Heather Bresch, cuando arremetieron en su contra por haber intentado maximizar las ganancias de los accionistas aumentando el precio del EpiPen, un medicamento para urgencias alérgicas?

En menos de nueve años, las dos jeringas con epinefrina comercializadas por Mylan (que los alérgicos llevan siempre consigo para inyectarse si tienen algún episodio agudo) pasaron de costar 94 dólares estadounidenses a más de 600.

El ajuste de precios sin duda ayudó a maximizar las ganancias de los accionistas de la farmacéutica, pero parece que la gente no había oído hablar ni de Adam Smith ni de Milton Friedman ni de la famosa mano invisible, porque las redes sociales ardieron y la compañía fue blanco de ataques feroces.

Ante la pérdida de su reputación, Mylan tuvo que reducir el precio del producto para quienes no contaban con un seguro médico. Entre los que salieron a protestar, seguramente movidos por la catarata de anónimos que levantaron su voz, estuvieron la entonces candidata demócrata a la presidencia de los Estados Unidos, Hillary Clinton, y la actriz norteamericana Sarah Jessica Parker, que había sido embajadora del medicamento y decidió terminar la relación con la farmacéutica a raíz del escándalo.

Bresch salió a defenderse en los medios de comunicación diciendo que lo único que había hecho era cumplir cabalmente su rol, siguiendo al pie de la letra las reglas que le habían enseñado en su programa de posgrado de negocios y tomar las decisiones más rentables para la compañía y sus accionistas.

Lo que no entendió Bresch es que las reglas han cambiado. El propósito de Mylan representaba el interés particular de la empresa y eso hoy ya no es aceptable. La castigaron por ello.

Para explicar este cambio radical en nuestra historia —un cambio que rescato como muy importante y que está en el centro de lo que este libro expone— muchos hablan de una generación socialmente más consciente, con ideales más altruistas y una necesidad de sentir que tiene un impacto sobre el mundo que la rodea: los *millennials*. Yo, sin embargo, no creo en esa teoría.

El ser humano siempre necesitó encontrarle un sentido a la vida, siempre ha querido hacer una diferencia. Es la única forma que tiene de trascender su mortalidad y de calmar así (aunque sea un poco) su angustia metafísica.

De hecho, si lo pensamos, los pioneros del emprendimiento social, de los medios sociales y de los negocios sostenibles son todos integrantes de la generación que precede a los *millennials*, la generación X. A ella pertenecen Jimmy Wales y Larry Sanger, de Wikipedia; Max Levchin, Peter Thiel y Elon Musk, de PayPal (este último también fundó la empresa de autos eléctricos Tesla y la compañía aeroespacial SpaceX); y Larry Page y Sergei Brin, de Google, entre muchos otros.

Y en cuanto a la generación anterior a ellos, los *baby boomers*, las estadísticas muestran que, después de trabajar durante décadas, en vez de retirarse están empezando segundas carreras que tienen que ver con ayudar al prójimo. Encore.org, una plataforma que permite encontrar oportunidades de trabajo de ese estilo, dice que 9 millones de *boomers* ya han comenzado segundas carreras en sectores altamente altruistas —como el cuidado de la salud, la educación y el tercer sector— y otros 31 millones están buscándolas.

Entonces, parece que los *boomers* también quieren tener un impacto en el mundo que los rodea. Ellos son, de hecho, la generación que creció durante los años 60, una época marcada por algunos de los movimientos sociales más influyentes de nuestra historia: la lucha por los derechos civiles y las violentas protestas contra la guerra de Vietnam en los Estados Unidos, el movimiento estudiantil de mayo del 68 en París y el movimiento femenino y la revolución sexual, por mencionar solo los más importantes.

¿Cómo podemos decir entonces que los *millennials* son ciudadanos más comprometidos que los *boomers*? Este cambio no tiene nada que ver con los *millennials*.

La razón por la cual las organizaciones de hoy se ven obligadas a dejar de maximizar de forma egoísta sus ganancias y a buscar propósitos compartidos con su entorno no es porque los *millennials* son bichos raros o seres más idealistas que las generaciones anteriores, sino porque se enfrentan a la primera generación que tiene el poder de obligarlas a interactuar con ellos de igual a igual.

Es una realidad. Lo que ha cambiado no es la gente, es el poder en manos de la gente.

Hoy todos somos actores

En el mundo hiperconectado de hoy, todos somos actores y tenemos capacidad de influir sobre los demás. Por eso la única forma de acceder al éxito en el contexto actual es teniendo en cuenta al otro, sin importar si ese otro es *millennial*, generación X o *boomer*.

Esta es también la primera vez que todos estamos hiperconectados y por eso ya no distinguimos entre trabajo y vida y reclamamos organizaciones que contribuyan a construirle un sentido a nuestra existencia. Buscamos que nuestro esfuerzo sirva para causas importantes como la diversidad, la equidad de género, la inclusión financiera o la mitigación del cambio climático.

Todos hacemos eso, ya que siempre quisimos hacerlo. La diferencia es que hoy podemos conseguirlo.

Lo que sucedió es que la revolución tecnológica ha alterado la distribución de poder en el mundo. Esto tiene implicancias muy profundas sobre la forma en que nos relacionamos unos con otros, y los negocios no son más que una manera de relacionarnos.

La base del nuevo poder es que la comunicación se ha democratizado. Nunca en la historia fue posible difundir información con la amplitud, simultaneidad y libertad que brindan hoy los medios sociales. Facebook, YouTube, Twitter, Instagram, WhatsApp, Snapchat y los innumerables blogs forman un ejército planetario, integrado por millones de operadores, que está cambiando el mundo mediático.

La caída de los intermediarios, que tradicionalmente imponían sus agendas, y el poder de la conectividad han desembocado en el gran impacto que cada individuo posee hoy, sin importar en qué rincón lejano del mundo se encuentre. Todos tenemos voz y opinión; y todos podemos hacernos escuchar. Todos tenemos poder.

Si no me creen, piensen en lo que le pasó a la aerolínea estadounidense United Airlines en 2017.

Vamos a decir las cosas como son: los cielos en Estados Unidos son una gran dictadura. Desde el atentado del 11 de septiembre de 2001, por razones de seguridad, las autoridades federales dieron rienda suelta a las aerolíneas para controlar a los pasajeros. Cualquiera que haya interactuado con alguna aerolínea estadounidense después del atentado sabe que la compañía puede dejarlo a uno en tierra, invocar engañosamente mal tiempo en destino para no pagar una noche de hotel y, si uno tan solo expresa algo de frustración, la amable señorita del *check-in* amenaza con llamar a la policía.

En abril de 2017, después de haber embarcado en un vuelo de United que iba de Chicago a Louisville (Kentucky), el médico David Dao fue informado de que tenía que desembarcar para dejar el asiento a un empleado de United que necesitaba llegar a Louisville para tomar otro vuelo. Dao, lógicamente, se negó. United llamó a la seguridad del aeropuerto, que literalmente arrancó al pasajero de su asiento y lo arrastró por el pasillo del avión hacia afuera.

Después de mucho forcejeo y unas cuantas idas y venidas, Dao terminó con dos dientes menos, la nariz rota y una conmoción cerebral, pero tuvo la suerte de que otro pasajero filmara todo el incidente y lo subiera a las redes sociales. En pocos minutos las imágenes dieron la vuelta al mundo.

La aerolínea, acostumbrada a ser el patrón de la vereda y a tener el poder absoluto frente a los pasajeros, dijo que Dao se había puesto belicoso, o sea que había provocado el incidente. El CEO, Oscar Muñoz, salió a justificar a sus empleados.

Las redes sociales se conmocionaron. Fue tal el escándalo que las acciones de la compañía comenzaron a caer en la Bolsa de Nueva York. Y en ese momento, cuando quedó claro que el incidente estaba tocándole el bolsillo, United se dio cuenta de que el mundo había cambiado y de que el poder ya no estaba exclusivamente en sus manos.

El incidente llevó a la compañía a anunciar que iba a modificar sus lineamientos y que a partir de ese momento ofrecería hasta 10.000 dólares de crédito para viajes futuros cuando necesitara bajar a un pasajero para sentar a un empleado.

Este es un ejemplo claro de cómo la hiperconexión nos ha empoderado. Cambió el origen del endoso. Hoy todos influimos sobre todos y somos parte de una conversación que es abierta, desordenada y caótica. Se transformaron las reglas y necesitamos sacar una nueva licencia de conducir para movernos dentro de esta nueva realidad. Dentro de ella, las jerarquías ya no existen y el único —y mejor— rol posible para una organización es sumarse, participar y enriquecerla.

Querer controlar la conversación o los acontecimientos es una quimera. Ya no importa si una empresa no ha hecho nada ilegal (el contrato de United, la letra chica de cada boleto de avión, por ejemplo, le permite bajar del avión a cualquier pasajero que "no siga las instrucciones de la tripulación"). Si la gente percibe que lo que la compañía hizo es injusto, la declara automáticamente culpable.

Hay además un cambio hegemónico importante: la gente le cree a la gente. A sus pares. Ya no hay medios en el medio. El auge de los sitios de Internet de *peer-to-peer reviews*, que contienen reseñas acerca de productos o servicios hechos por otros clientes, es prueba de ello.

"El acceso a reseñas de pares no tiene precedentes. Antes de comprar, la gente busca que validen su decisión. Si no saben mucho de un producto se meten en Internet y leen reseñas y escuchan lo que otra gente dice acerca de cuál es el mejor producto y entonces compran ese", me dijo Bill Walshe, CEO de Viceroy Hotel Group. "En mi mundo, eso es TripAdvisor. TripAdvisor lo es todo. Uno ve cómo un hotel sube tres, cuatro o cinco lugares y la frecuencia con la que recibe reservas sube, eso está garantizado. No hay duda. Creo que la influencia entre pares hoy es masiva".

Quienes nacimos y crecimos antes de Internet, recordamos aquella época lejana en la que participábamos de un modo pasivo de la comunicación. Sentaditos frente a la tele absorbíamos todos los mensajes que nos enviaba alguna organización, desde su lugar de emisor todo poderoso.

Eso ya no existe. Ya nadie es un receptor pasivo. Por eso los viejos gurúes de la publicidad y el marketing tradicionales están desorientados. Las tácticas habituales (taladrarle el cerebro a la gente con jingles pegadizos y eslóganes repetidos millones de veces para crear conexiones supuestamente emocionales) ya no funcionan.

Hoy somos todos actores: tenemos un rol activo. Nos involucramos, somos —al mismo tiempo— flecha y blanco de conversaciones y opiniones, ponemos en la mira a los demás y estamos en la suya, influimos y somos influidos. Actualmente, el poder de influir en otros y encontrar pares en quienes confiar nos potencia como individuos de un modo que no tiene precedentes.

"Los intermediarios que no generaban valor solo estaban cobrándote un peaje. Y la gente se fue cansando de pagar peajes por cosas que no valían la pena", dice Darío Laufer, licenciado en Comunicación y CEO de Be Influencer, una agencia que trabaja con influenciadores en las redes sociales para amplificar los mensajes que las marcas quieren hacer llegar a sus consumidores.

Podríamos hablar de cómo fueron desapareciendo agentes de viajes, gestores, cajeros de bancos, pero el mayor impacto sobre las comunicaciones lo tuvo la implosión del periodismo. Según el renombrado economista y columnista de *The New York Times*, Paul Krugman, en los Estados Unidos, desde 2000, la cantidad de periodistas empleados por medios se redujo en dos tercios (270.000 puestos de trabajo).

Muchos de esos empleados eran lo que los norteamericanos llaman *gatekeepers*, o guardianes de la información: redactores y editores que decidían qué noticias se publicaban y cuáles no. Hoy esos guardianes ya no están. La gente decide qué quiere ver.

¿Qué implicancias tiene esto para las organizaciones? Muchísimas. En un primer momento muchos creyeron que, con la desaparición de los periodistas que controlaban la difusión de la información, comenzaba una era de "todo vale". Muchas empresas supusieron que ahora podrían salirse con la suya e imponerle a la gente su agenda. Craso error.

Si algo define esta nueva era en materia de información es que la gente misma se erigió en guardiana y juez.

Con la democratización de las comunicaciones (y, por ende, del poder), los poderosos de antes se volvieron vulnerables.

Vamos a pensarlo: antes las organizaciones tenían que protegerse apenas de los periodistas que husmeaban por allí y de algún *whistleblower* (empleado soplón) que pudiera filtrar información perjudicial. Pero empresas y gobiernos tenían murallas que resultaban prácticamente infranqueables.

Hoy somos todos vulnerables. El acceso a la información es tan amplio y abierto que cualquiera puede sacarle a otro los trapitos al sol. Estamos todos expuestos en una gran vidriera. Nuestro activo más importante, la reputación, está en jaque constante.

David ahora tiene muchas más formas de golpear a Goliat. En realidad, hoy los de David y Goliat no son más que roles intercambiables. Y se necesitan mutuamente.

Nuestro nivel de interconexión es tal que ya nadie puede considerarse un elemento aislado; nos necesitamos unos a otros. Nadie puede alcanzar resultados por sí solo en el contexto actual.

Por eso la capacidad para crear *engagement* se ha vuelto tan importante. Uso la palabra *engagement* porque creo que no existe en español un término equivalente que implique no solo llamar la atención del otro, sino realmente engancharlo, comprometerlo con nuestra causa. Y cuando el otro tiene el poder de destruirnos es indispensable que esté de nuestro lado.

Los expertos en marketing han escrito mucho acerca de cómo generar *engagement* y todos los días sacan recetas nuevas para atrapar a la gente. Contar historias, usar elementos visuales, hacerle preguntas a la audiencia para que se sienta involucrada y crear infografías son algunos de los métodos más comunes. Pero estas son apenas tácticas. Debajo de todo eso y —más importante aún— antes de todo eso debe existir un Propósito Compartido.

Si no hay Propósito Compartido, el centro de este nuevo mundo y de este libro, no hay conexión posible.

El poder del Propósito Compartido

Es así. No podemos conseguir que otro compre nuestra idea si el *engagement* no es auténtico, es decir si no está basado en un interés compartido. Por eso establecer ese interés, ese propósito común, es el oxígeno de este nuevo mundo.

Ese Propósito Compartido es un punto medio entre nuestro interés particular y el de nuestro entorno. Y conectar con él es fundamental. Por eso hoy en materia de comunicaciones, irónicamente, "conectar" se ha vuelto mucho más importante que "comunicar". Ya no hablamos de un acto en el que un emisor activo actúa sobre un receptor pasivo. Hoy ambas partes son iguales y para comunicar tenemos que conectar primero.

En 2009, el orador y comunicador norteamericano Simon Sinek lanzó su libro *Start With Why*[15] (Empezar por el porqué). En él, Sinek hablaba de aquellos líderes que tienen la capacidad de inspirar y aseguraba que todos comparten una característica: empiezan por el porqué, decía Sinek, y establecen un propósito como base de todo lo que construyen.

Sinek tiene razón. Los Elon Musk, los Mark Zuckerberg y los Jeff Bezos de este mundo tienen muy claro el porqué de lo que hacen. Pero no se quedan ahí. Todas las compañías que se han convertido en líderes de mercado en los últimos 20 o 30 años responden a un "por qué" que no es egoísta; es un "por qué" mucho más amplio, que involucra al otro.

Es un Propósito Compartido. Es decir que es una razón de ser que tiene en cuenta los intereses, las necesidades y las expectativas del entorno (clientes, empleados, accionistas, proveedores, comunidad, medioambiente, gobierno, etcétera). Es una aproximación de conectar con el otro sin perder los objetivos o la intención propia.

15. Sinek, Simon. *Start with Why. How Great Leaders Inspire Everyone to Take Action*. Londres. Penguin Group. 2009.

Esto me recuerda que, cuando trabajaba en noticias en televisión, un día un muy reconocido pope de la industria me dijo: "No te confundas, primero hay que entretener y después informar. Si no hay enganche, no hay público, no importa la noticia". Esto es igual. Si no hay un Propósito Compartido no hay actores enganchados, por más que uno comunique y comunique.

Por ejemplo, el propósito de SpaceX es salvar a la humanidad. Uno puede argumentar que la idea puede ser algo ambiciosa, pero no puede negar que involucra el interés no solo de SpaceX, sino de todos nosotros.

El *Washington Post*, uno de los pocos periódicos que siguen siendo exitosos en los Estados Unidos, articuló su propósito después de que lo comprara Bezos con el siguiente eslogan: "La democracia muere en la oscuridad". Es decir que el *Washington Post* está en este mundo nada menos que para salvar la democracia echando luz sobre los acontecimientos de la realidad.

Pero no todos los propósitos tienen que ser tan amplios ni tan idealistas. El propósito de otra de las compañías de Bezos, Amazon, por ejemplo, es "ser el lugar donde la gente pueda encontrar online cualquier cosa que quiera comprar". No habla ni de la humanidad ni de la democracia, pero sí de una necesidad que tenemos todos en esta sociedad: abastecernos de bienes de manera conveniente.

El concepto del propósito no es nuevo en el mundo de los negocios. En 2000, cuatro profesores de la Universidad Waikato en Nueva Zelanda, Clive Gilson, Mike Pratt, Kevin Roberts y Ed Weymes, publicaron un libro basado en lecciones de las estrategias de los equipos deportivos más grandes del mundo, en el que analizaron por qué algunas organizaciones ganan constantemente y otras no.

En *Peak Performance*[16] (desempeño óptimo), los académicos estudiaron a nueve equipos deportivos de alto rendimiento para descubrir por qué, a pesar de que los jugadores estrella pasaban, las organizaciones seguían ganando. Lo primero que establecieron fue que todos los equipos tenían algo en común: un propósito claro, que daba un objetivo, un sentido y una dirección a los miembros de la organización.

Desde entonces mucho se ha escrito acerca de las bondades de basar un negocio sobre un propósito, y el concepto ha evolucionado. Muchas organizaciones —entre ellas, el gigante de la publicidad Saatchi & Saatchi— adoptaron las enseñanzas de los profesores neozelandeses. Pero en el mundo del *management* de hoy se entiende que no sirve tener cualquier propósito, tiene que ser un propósito que trascienda intereses particulares.

De esa vertiente vienen las Empresas B —y la Certificación B, que garantiza que una organización tiene un propósito social— y también las numerosas estadísticas que demuestran que las empresas que tienen un propósito de alto nivel tienen más éxito que las que no lo tienen.

Un grupo de investigadores de las universidades de Nueva York (Escuela de Negocios Stern), Harvard y Columbia, por ejemplo, estudió a 429 empresas norteamericanas y comprobó que las organizaciones que tienen un propósito de alto nivel y la capacidad de comunicarlo con claridad a sus empleados

---

16. Gilson, Clive; Pratt, Mike; Roberts, Kevin. *Peak Performance: Inspirational Business Lessons from the World's Top Sports Organizations*. Nueva York. Harper Collins Business. 2000.

(especialmente a los mandos medios) tienen mayor rentabilidad futura y mayor capitalización de mercado.[17]

A esa teoría también adscriben el CEO adjunto de la cadena de supermercados de alimentos orgánicos estadounidense Whole Foods Markets, John Mackey, y Raj Sisodia, profesor de la Universidad Bentley en Massachusetts, que acuñaron el término "capitalismo consciente" para referirse a aquellas empresas que, al tener un propósito altruista y no concentrarse apenas en maximizar resultados para sus accionistas, están volviendo a las raíces del verdadero capitalismo: el que crea valor para toda la sociedad.[18]

Aaron Hurst, el creador de la Fundación Taproot, habla incluso de la "economía del propósito" como sucesora de la "economía de la información".[19]

Hay muchas ideas interesantes en el mercado en torno a los beneficios de tener un propósito de alto nivel, pero todas se basan en la hipótesis de que tenerlo es, o bien una necesidad de responder a las nuevas tendencias de la sociedad, o bien una forma inteligente de hacer negocios.

Mi postulado es otro. Yo creo que hoy no hay futuro para ninguna organización que no tenga un Propósito Compartido. Es imperativo. Es adoptarlo o morir.

17. Gartenberg, Claudine; Serafeim, George; Prat, Andrea. "Corporate Purpose and Financial Performance". *Working Knowledge*. Harvard Business School. Junio de 2016. <www.hbswk.edu>.

18. Mackey, John; Sisodia, Raj. *Conscious Capitalism: Liberating the Heroic Spirit of Business*. Cambridge (Massachusetts). Harvard Business School Publishing. 2013.

19. Hurst, Aaron. *The Purpose Economy*. Boise (Idaho). Elevate. 2016.

Eso sí, para las organizaciones que se abocan a él, un Propósito Compartido es algo sumamente poderoso.

Vean si no el ejemplo del presidente de los Estados Unidos, Donald Trump. A pesar de su retórica incendiaria y de haber cometido torpeza tras torpeza a lo largo de toda su campaña, Trump fue efectivo porque logró articular un Propósito Compartido con millones de estadounidenses: su *Make America Great Again* (Hacer a Estados Unidos grande otra vez) conectó con muchos norteamericanos, ya que hablaba de un anhelo que les era propio, y lo catapultó a la presidencia.

Por eso vuelvo a enfatizarlo: para las organizaciones de hoy tener un Propósito Compartido ya no es opcional. Cuando ese propósito no existe, reina la desconexión y no hay ninguna posibilidad de triunfar. Las organizaciones que nacen hoy deben organizarse sí o sí en torno a un Propósito Compartido, y las que ya están en el mercado tienen el arduo trabajo de reenfocarse, aunque eso en algunos casos implique hasta cambiar de negocio e industria.

Como prueba de esto miren lo que está haciendo Coca-Cola. Desde hace años ya, la productora de las gaseosas azucaradas y edulcoradas más famosas del mundo se ha puesto a vender agua embotellada. Sí, la gente que hace marketing explica que se debe a "un cambio en la sociedad, que reclama bebidas más naturales". Pero ¡no!, se debe a un cambio en la sociedad donde la gente ya no deja que le laven el cerebro diciéndole que tomar Coca-Cola trae felicidad y donde los científicos que realizan estudios engañosos acerca de los efectos sobre la salud de las gaseosas son expuestos en los medios sociales.

Como dicen los norteamericanos: es todo consecuencia del *peer pressure*, la presión de los pares. Porque hoy somos todos pares. Y por eso ya no se puede operar sin tener en cuenta al otro.

4

El Pensamiento Orbital:
el fin de las hegemonías

La empresa Coca-Cola vende agua y McDonald's, ensaladas. Apple compite con Rolex y Amazon produce películas, compite con Netflix y vende paltas orgánicas.

¿Qué está pasando? Estamos ante un nuevo paradigma. La lógica de ayer ya no se aplica. Necesitamos una nueva forma de explicar el mundo.

De esta necesidad, y del imperativo de entender cómo el fin de las hegemonías y la redistribución del poder han cambiado la forma en que nos relacionamos, nace el Pensamiento Orbital.

Pero antes de meternos de lleno en eso, recapitulemos.

El fin de la pirámide

Hasta hace un tiempo nos relacionábamos de forma vertical. Nuestra forma de interactuar respondía a un esquema piramidal, es decir que existía un polo hegemónico en la cima y, debajo, receptores (no solo de información, sino también de modelos culturales, productos e ideas).

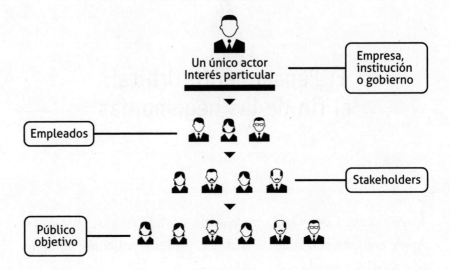

En la pirámide, la cima bajaba línea y la base era un receptor pasivo, con poca capacidad para resistirse y mucho menos para escaparse. Si la cima era una empresa y la base, sus consumidores, estos cumplían el papel del ciervo (*target*) en la mira de la escopeta del cazador. Este apuntaba, disparaba, y si daba en el blanco, se llevaba el ciervo al hombro. Ese papel lo cumplían los consumidores, mansamente sentados frente al televisor, absorbiendo los mensajes del detergente para lavar la ropa mientras miraban la telenovela de la tarde.

Sin embargo, con la redistribución de poder que provocó la tecnología, ese modelo de relacionamiento vertical ya no existe. Hoy la pirámide se ha derrumbado. En vez de mirar a la cima esperando que nos bajen línea o nos vendan un producto, estructuramos nuestras relaciones de manera similar a las partículas de un campo electromagnético: todos somos actores conectados a través de un Propósito Compartido.

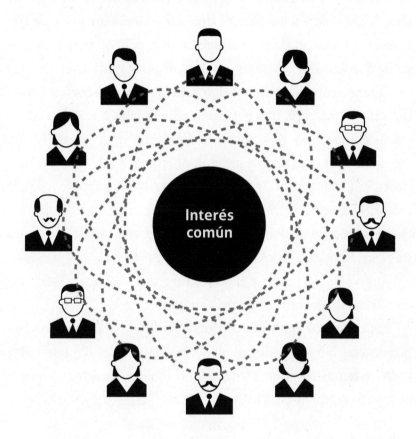

Si no compartimos ese propósito, no somos parte de ese sistema. Antes, la cima de la pirámide podía tenernos presos, a merced de lo que quisiera transmitirnos o inculcarnos. Hoy ganamos libertad. ¿No nos gusta lo que alguna marca pone en Facebook o en Instagram? La bloqueamos. Para siempre. Así de sencillo.

Los actores ya no son pasivos. La gente empoderada e hiperconectada de hoy decide, se compromete y toma el toro por las astas. Hoy somos todos agentes activos.

Uno de esos agentes es Molly Katchpole, una joven de Washington D. C., que en 2011 estaba recién graduada de la universidad, tenía 22 años y dos trabajos para poder llegar a fin de mes.[20] Entonces, a su banco, uno de los más grandes de los Estados Unidos, el Bank of America, se le ocurrió poner un cargo de 5 dólares mensuales para usar su tarjeta de débito.

"De ninguna manera", se dijo Katchpole y comenzó, a través del sitio change.org, una petición en línea para que el banco no impusiera el cargo. Allí pidió a todo el que viera la página que "se unan a mí para decirle al Bank of America que estamos hastiados". "Cuando vino la recesión —escribió Katchpole— le dimos al Bank of America miles de millones de dólares para rescatarlo. Nuestra recompensa son mayores costos por el mismo servicio. En algún momento hay que decir basta".

Juntó 305.552 firmas y el banco tuvo que claudicar. Y eso fue en 2011. Imagínense cómo sería ahora.

Está más que claro. En el Mundo Orbital, no hay lugares hegemónicos. No hay arriba ni abajo, no hay débiles ni poderosos; todos estamos empoderados y somos iguales. Podemos ayudarnos, pero también destruirnos.

Volvimos a la tribu

Parece una ironía, pero los avances tecnológicos nos han devuelto a los principios de la humanidad, cuando pertenecíamos a

---

20. López, Linette. "Molly Katchpole petition leads ordinary man's fight against bank of America debit fees". *Business Insider*. Octubre de 2011. <businessinsider. com>.

pequeñas tribus. Esos grupos de seres humanos compartían una cultura y tradiciones y funcionaban como soporte y protección para cada uno de sus integrantes.

La necesidad de ser parte de un grupo es una característica intrínsecamente humana. Los grupos que formamos en la actualidad (en muchos casos facilitados por los medios sociales) son descendientes directos de las tribus prehistóricas, dice el biólogo Edward O. Wilson, autor del libro *La conquista social de la Tierra*.[21]

"En la Antigüedad y la prehistoria, las tribus daban tranquilidad visceral, el orgullo de pertenecer a una confraternidad familiar y una forma de defender fervientemente a un grupo frente a otros grupos rivales. Le daban a la gente un nombre, además del propio, y un sentido social en un mundo caótico. Creaban un entorno menos desorientador y peligroso", dice. "La naturaleza humana no ha cambiado. Los grupos modernos son el equivalente psicológico de las tribus de la Antigüedad. Como tales, estos grupos descienden directamente de las bandas de humanos primitivos y prehumanos", sostiene.

La necesidad de pertenecer a un grupo —asegura Wilson— está profundamente arraigada en el ser humano: "La tendencia de formar grupos, y luego favorecer a los miembros del grupo, parece instintiva. (...) Algunos argumentan que el sesgo humano a favor de los miembros de su propio grupo es condicionado, no instintivo, que nos asociamos con miembros de nuestra familia y jugamos con los niños del vecindario porque así nos lo enseñan". Y continúa: "Pero la facilidad con la que formamos

---

21. Wilson, Edward Osborne. "Biologist E. O. Wilson On Why Humans, Like Ants, Need A Tribe". *Newsweek*. Abril de 2012. <www.newsweek.com>.

estas asociaciones señala que lo más probable es que tengamos esa tendencia, algo que los psicólogos llaman 'aprendizaje preparado': la propensión del recién nacido por aprender algo rápida y categóricamente".

Muchos de los ejemplos que los académicos usan para ilustrar la tendencia de los seres humanos a comportarse de manera tribal vienen de los deportes. Después de todo, no es raro oír a los fanáticos decir que "mueren" por su equipo o que se deprimen —literalmente— cuando este pierde. Las batallas campales entre bandas de fanáticos del fútbol en Europa, Rusia o incluso en la Argentina y la policía, con cientos de heridos y muertos, son otra muestra de que en los deportes alguna gente puede tomarse la pertenencia a un grupo muy en serio.

Por eso no es casualidad que el tema del propósito aplicado al mundo de los negocios haya partido de un estudio acerca de los equipos deportivos más exitosos de la historia. Y tampoco es casualidad que los profesores neozelandeses que escribieron *Peak Performance* hayan descubierto que en la base de cada uno de esos equipos exitosos que estudiaron había, primero y principal, un propósito claro y compartido.

El Propósito Compartido es la fuerza que mantiene unido a cualquier grupo, sea una tribu, un equipo de fútbol o el club de fans del lubricante WD-40. Los integrantes de cada uno de esos grupos creen en un mismo objetivo, tienen un mismo propósito. Este los une, los inspira, los motiva. Por él, en algunos casos, pueden ir hasta el fin del mundo.

"Un buen ejemplo de esto es Tesla", dice Bill Walshe, del Viceroy Hotel Group. "El éxito que ha tenido Tesla en un entorno increíblemente competitivo como la industria automotriz se debe a que los conductores de estos autos están orgullosos de conducir un Tesla".

El conductor de Tesla comparte con la marca su interés por el medioambiente, pero también su predilección por el buen diseño y los autos de calidad. Esta es una tendencia que se ve mucho hoy en la industria de los bienes de lujo, dice Walshe, en la que los consumidores están pidiendo marcas que sean responsables con el medioambiente y la sociedad, sin por eso sacrificar la calidad o la estética.

El resultado es que Tesla ha conseguido una capitalización de mercado de 57.000 millones de dólares en un período relativamente corto, en comparación con muchas otras marcas mucho más establecidas de la industria.

"Este es un ejemplo de una marca que ha capturado participación de mercado con un gran producto con un propósito claro. La gente, además de ser consumidores de la marca, son miembros de una comunidad. Se convierten en miembros de una tribu que apoya a Tesla porque creen en el propósito de la compañía, además de querer ser dueños de un gran auto", dice Walshe.

A mí también me gustaría ser dueño de un gran auto que cuidara el medioambiente. ¿Por qué negarlo? Por eso, en un viaje que hice a Colorado en 2017, fui a un concesionario de Tesla. Un vendedor me llevó a probar un auto y lo primero que me contó cuando nos subimos no fueron las características del vehículo ni las condiciones de pago. Lo primero que me dijo fue: "Nuestra misión en la vida es sacar de este mundo a todos los autos que contaminan".

Y así como Tesla tiene su propósito, claro como el agua, que atrae a quienes piensan como ellos, hay en este nuevo mundo infinidades de propósitos y la posibilidad de conectarlos a todos. Porque la tecnología actual, al acortar las distancias, nos ha acercado y nos ha permitido a cada uno de nosotros encontrar nuestra tribu.

Antes no teníamos más remedio que jugar con los niños de nuestra clase o de la misma cuadra en la que vivíamos. Quizás a nosotros nos gustaba el fútbol y a ellos, el automovilismo y, según la cantidad de niños que compartieran nuestra pasión, nos tocaba alternar los juegos o quedarnos con las ganas.

Hoy no estamos limitados a nuestro círculo más inmediato. ¿Nos gusta la música renacentista? Podemos encontrar online a otros tan fanáticos como nosotros. ¿Lo nuestro es salvar a todos los perros callejeros del mundo? Buceando en Internet podemos encontrar casi cualquier causa que nos interese o identifique.

Y así vamos armando grupos conectados por Propósitos Compartidos, que nos inspiran pasión y nos movilizan (y lo digo literalmente, porque nos incitan a la acción).

Este no es un dato anecdótico, sino que tiene implicancias profundas para cualquier organización o individuo en el mundo actual. Cuando se logra una conexión basada en un Propósito Compartido, el efecto es muy poderoso. Es como una fuerza gravitacional de la que no se puede ni se quiere escapar. Reordena a todos los actores, que lo apoyan, lo promueven, se hacen parte. Diseminan los hechos y la información que apoya su causa y desestiman la que podría socavarla. Pasan a la acción por él.

Esta es una realidad que está obligando a muchas organizaciones e instituciones a adaptarse y cambiar. Cuando no lo hacen, el reordenamiento de la sociedad en tribus atomizadas, y en algunos casos aisladas unas de las otras, puede convertirse en una fuerza extraordinariamente desestabilizadora.

Si no, miren el caso de la creciente polarización política que atraviesan los Estados Unidos, que ha mantenido al Congreso prácticamente paralizado durante ya casi una década y que en 2016 llevó al poder a un presidente —Donald Trump— a quien más de la mitad del país detesta de modo visceral.

Un estudio del *think tank* norteamericano Pew Research Center,[22] publicado en 2014 (mucho antes de la elección de Trump, que partió al país en dos mitades que desconfían profundamente una de la otra), reveló que el electorado estadounidense estaba mucho más dividido en términos ideológicos que en el pasado.

Según este centro de investigación, el porcentaje de estadounidenses con opiniones consistentemente conservadoras o liberales se duplicó durante los últimos veinte años, del 10 al 21 por ciento. Además, la antipatía entre demócratas y republicanos se ha profundizado. Desde 1994, la proporción de gente que tiene una visión negativa del partido al que no pertenece se duplicó.

Ese juicio de valor negativo acerca de los miembros del grupo opuesto va mucho más allá de un simple desacuerdo o hasta de un sentimiento de desagrado. Los dos principales partidos políticos norteamericanos consideran que el otro es, en realidad, una amenaza real para la nación.

"Los 'silos ideológicos' son cada vez más comunes, tanto en la izquierda como en la derecha. Las personas con posiciones

---

22. "Political Polarization in the American Public. How Increasing Ideological Uniformity and Partisan Antipathy Affect Politics, Compromise and Everyday Life". Pew Research Center for the People and the Press. Junio de 2014. <www. people-press.org>.

ideológicas absolutas —especialmente los conservadores— suelen decir, más que otras, que la mayoría de sus amigos comparte sus ideas políticas", dice el estudio. "Los liberales y los conservadores disienten acerca de los lugares donde quieren vivir, acerca del tipo de gente que quieren tener en su vecindario e incluso acerca de las personas que aceptan como parte de su familia", completa.

Esto es un comportamiento tribal; implica la absoluta convicción de que nuestro grupo tiene un propósito que lo une y lo distingue de forma profunda del otro.

Así de poderoso es el concepto del Propósito Compartido.

El Pensamiento Orbital

Muchas de las fuerzas que antes contribuían a una homogeneización de la sociedad están desapareciendo. Entre ellas se destacan los medios de comunicación —escritos o audiovisuales— que, además de informar o entretener, creaban pautas culturales comunes.

Cuando las señoras del barrio se encontraban hace veinte años en la panadería, lo que comentaban era el último capítulo de la telenovela de turno. Todas veían la misma telenovela y todas, el mismo capítulo, porque no existía ni el *on demand* ni las maratones actuales en las que vemos 54 capítulos seguidos.

Los señores, cuando se reunían en el bar a tomar un trago, hablaban del escándalo político que había sido tapa del diario esa mañana. Si eran de tendencias políticas distintas, quizás leían dos diarios diferentes de ideologías opuestas, pero con juicios editoriales similares.

Todo esto creaba cohesión cultural. Eso hoy ya no existe. El que tiene Hulu está viendo *El cuento de la criada*, y el que tiene Amazon, *El hombre en el castillo de la cima*. Los medios sociales, con sus *feeds* (las series de posteos que vemos en nuestras cuentas de Facebook, Instagram o Twitter) personalizados por algún algoritmo de acuerdo con nuestros gustos e inclinaciones, refuerzan esta tendencia. Vivimos todos en nuestras pequeñas burbujas.

Dentro de estas burbujas, sin embargo, existe cohesión; siempre hay un Propósito Compartido.

A esta forma de entender el mundo yo la llamo Pensamiento Orbital, porque concibe al mundo como un campo en el que todos nos movemos, de forma alternada, en alguna órbita, conectados por algún Propósito Compartido con distintos actores.

Un aspecto interesante del mundo de hoy es que nadie es parte de una sola órbita. Todos participamos en muchas y en cada una tenemos un Propósito Compartido con otros y encontramos diferentes aliados. Si el propósito es suficientemente poderoso, esos actores se convierten casi en nuestras almas gemelas, con las que compartimos intereses, anhelos y voluntades.

Dentro de esa órbita damos todo por el grupo, participamos, promovemos sus intereses, trabajamos en pos del bien común. Si no pertenecemos al grupo, sin embargo, tendemos a verlo con desconfianza y hasta a sospechar de sus intenciones.

En materia de política eso puede significar no confiar en la integridad de Hillary Clinton o en la honestidad de Donald Trump, pero en el mundo de los negocios significa que hay, allí afuera, un ejército de actores empoderados que, a menos que compartan con nosotros algún propósito, son enemigos potenciales que pueden dañar nuestra reputación, cuestionar nuestras intenciones y obligarnos a ponernos a la defensiva.

Así, al plantear que en la era de la hiperconexión, en la que todos somos actores, la única forma de alcanzar nuestros objetivos es descubrir un Propósito Compartido para abrir espacios de colaboración, el Pensamiento Orbital nos ayuda a entender el mundo de una nueva manera y a movernos en él de forma más segura y eficaz.

Pero el esquema no es tan sencillo. El Mundo Orbital tiene, como cualquier sistema, sus propias leyes. En este caso son cuatro fuerzas a las que hay que tener muy en cuenta para aprovechar toda la potencialidad de la realidad actual y evitar las dificultades que plantea. Ellas son la velocidad, la colaboración, la transparencia y la conciencia social.

Y a eso nos vamos a referir en los próximos capítulos.

5

Sin pasamanos

En la época de las cavernas, el *Homo sapiens* estaba en la cueva —su zona de confort—, salía a cazar y volvía con el botín a su lugar seguro. En la Edad Media, los señores feudales luchaban entre sí, pero, cuando algún peligro acechaba, el castillo era siempre un sitio en el que refugiarse. Los primeros hombres en llegar a la Luna dieron ese gran salto para la humanidad y luego se pusieron a resguardo en el Apolo 11.

Hoy todo cambió. Ya no hay cuevas, castillos ni naves seguras. Las reglas de la cacería se modifican a diario, los peligros son difíciles de identificar y a cada paso que damos podemos pisar superficies desconocidas.

Actualmente, la realidad no tiene una hoja de ruta. Nuestro universo es mucho más grande y la participación en ese universo tiene otras reglas. Y eso hace que lo que a veces era nuestra zona de confort haya dejado de serlo. La falta de tiempo y la ausencia de control sobre lo que nos pasa nos obliga a vivir en la incomodidad constantemente. Tenemos la necesidad de saber qué está pasando en todos lados todo el tiempo. Y, como eso es imposible, convivimos con la certeza de que sabemos bastante menos de lo que deberíamos —o creemos que deberíamos— saber.

Hoy tenemos que acostumbrarnos a vivir en un mundo inestable. Somos, todo el tiempo, equilibristas que se tambalean sobre la cuerda floja.

Gran parte de esa sensación tiene que ver con la velocidad a la que vivimos. Hoy nos enfrentamos constantemente con una especie de "futuro-presente". Vivimos con las herramientas del futuro en tiempo presente. Nos cuesta adaptarnos, pero ya están.

Debemos acostumbrarnos a avanzar en la inestabilidad. El entorno actual es una cinta transportadora en constante aceleración y el que no logre mantener el equilibrio será expulsado.

Cambio exponencial

Raymond Kurzweil, el director de ingeniería de Google y un verdadero adelantado, ya aseguraba hace más de 10 años, en su libro *The singularity is near*, que en el futuro los cambios tecnológicos iban a ir tan rápido y su impacto iba a ser tan profundo que la vida humana sería transformada irreversiblemente. Y es que la velocidad del cambio es exponencial, explicaba Kurzweil.

Esto quiere decir que el cambio se va acelerando a un ritmo vertiginoso. Al principio, es algo lento, casi no se percibe, pero llega un punto en que la curva de crecimiento se vuelve explosiva. La curva pasa de ser horizontal con una inclinación hacia arriba a ser vertical. A partir de ahí cada pequeño cambio es radical.

"El índice actual de cambio de paradigma, el índice de adopción de nuevas ideas se está duplicando en cada década, de acuerdo con nuestros modelos", señala Kurzweil.[23]

Imagínense un camión de bomberos a 200 kilómetros por hora en una autopista y en bajada. Difícil de detener, ¿no? Así es la revolución que estamos viviendo y, aún más, la que está por venir. Es complicado que alguien pueda pararla.

Sin embargo, lo que siembra confusión en nosotros es que esto no siempre fue así. Si no, miren el caso de Kodak.

El gigante que no vio venir el cambio

Durante los últimos 100 años, la fotografía ayudó a darle forma a nuestra cultura, sirvió para que empezáramos a entender el mundo que nos rodeaba y también para interactuar y comunicarnos con los demás. Hoy con las cámaras digitales y nuestros teléfonos inteligentes sacamos un billón de imágenes al año que publicamos al instante en todas las redes sociales.

Esta historia comenzó a fines del siglo XIX en Rochester, Nueva York, cuando un joven de 24 años llamado George Eastman planeaba un viaje y compró todo lo necesario para documentarlo en imágenes. Solo la cámara que compró tenía el tamaño de un horno microondas. A eso había que sumarle el pesadísimo trípode y la carpa que necesitaba para mezclar todos los químicos. Eastman se dio cuenta de que era demasiado. Y

---

23. Kurzweil, Ray. "The Accelerating Power of Technology". Charla TED. Febrero de 2005. <www.ted.com>.

nunca hizo el viaje. En cambio, empezó a obsesionarse con resolver el problema, aliviando lo incómodo que resultaba tomar una fotografía.[24]

Tres años más tarde, consiguió facilitar el proceso. Y poco después patentó el primer rollo fotográfico y, aún más importante, patentó las máquinas capaces de tomar fotos. Así, en 1892, los productos fotográficos de Kodak ingresaron al mercado con el eslogan "Usted aprieta el botón, nosotros hacemos el resto".

Cuarenta años después, a pesar del suicidio de Eastman en 1932, Kodak siguió creciendo hasta convertirse en un gigante y llegar a dominar el 70 por ciento del mercado de los productos relacionados con las películas. A comienzos de los años 60, las ventas en Estados Unidos habían sobrepasado los mil millones de dólares. Y en 1996 estaba cuarta en el ranking de empresas más valiosas de ese país, detrás de Disney, Coca-Cola y McDonald's. Poco a poco, Kodak dejó de ser una empresa de fotografía para pasar a ser una compañía tecnológica, una de las más valiosas de todo el mundo con un gran espíritu innovador. En su apogeo poseía las patentes de muchos de los procesadores tecnológicos que todavía pueden ser encontrados en infinidad de productos.

Ya en 1975, Steve Sasson, un ingeniero de 24 años que trabajaba en Kodak, realizó el primer prototipo de lo que sería una cámara digital. Pero con la tecnología de la época, las fotos que tomaba la cámara de Sasson eran de baja calidad y el costo de la invención resultaba excesivo. Los ejecutivos de Kodak —sus jefes— cuestionaron por qué alguien iba a elegir

---

24. *Developing Disruption*. Dell Technologies. Trailblazers Podcast 02. 2017. <www.delltechnologies.com>.

comprar una cámara de 1100 dólares para sacar fotos peores que las que podía tomar con otra que costaba solo 25. Sasson sabía que su cámara tenía el potencial de impactar sobre el modo en que la gente tomaría las fotografías en el futuro, pero no contaba con una respuesta a las inquietudes mucho más inmediatas de sus jefes.

Así, Kodak tuvo la cámara digital 25 años antes de que se hiciera popular. Tuvo 25 años de ventaja. No hizo nada con ellos, pero los tuvo. ¿Qué empresa tiene hoy 25 años de ventaja frente a la siguiente innovación tecnológica? Absolutamente ninguna.

Y la historia de Kodak no terminó allí. A comienzos de los 80, cuando Sony lanzó la primera cámara digital, Kodak tuvo unos diez años para adaptarse al futuro que se le venía encima. El tiempo para prepararse, esta vez, era considerablemente menor.

Pero Kodak erró en su estrategia una vez más. En lugar de prepararse para cuando la fotografía digital reemplazara a los rollos, decidió concentrar sus esfuerzos en usar tecnología digital para mejorar la calidad de los productos que ya tenía.

Pronto aparecería otra pieza del rompecabezas: las computadoras personales. Entonces, las fotos que se sacaban con una cámara digital se podían bajar a la computadora en cada hogar y, desde allí, compartirlas con quien uno quisiera.

Y en 2002, Kodak recibió el golpe de gracia: el gigante de los teléfonos celulares Nokia lanzó el modelo 7650, que tenía nada menos que ¡una cámara de fotos! Ahora cualquiera podía registrar una imagen y compartirla con todos sus contactos desde su teléfono. Eran imágenes de peor calidad que las que podían tomarse con las cámaras tradicionales, pero el uso que la gente le daba a la fotografía había cambiado. Importaba más poder compartir la foto que su calidad. Dos años después nacería Facebook y la posibilidad de compartir contenidos se amplificaría como nunca.

Para 2008, se vendían más celulares Nokia con cámaras de fotos que cámaras Kodak. En 2010, Kodak había caído al séptimo lugar en el mercado de Estados Unidos y se quedó sin tiempo para adaptarse. Siguió descendiendo hasta que en 2012 se declaró en bancarrota. Cuando finalmente Kodak comprendió los cambios que se estaban produciendo y lo disruptiva que era la fotografía digital, ya era tarde.

El cambio ya había incluso trascendido el aspecto técnico. Se alteró el comportamiento mismo de la gente y la razón por la cual sacamos fotos. Antes era para guardar recuerdos; hoy nos comunicamos a través de las fotos por Facebook, Instagram o Snapchat.

El ejemplo de Kodak demuestra cómo fue cerrándose la ventana de oportunidad para adaptarse al cambio en los últimos 40 años y cómo aquellas compañías que no tuvieron la visión necesaria para poder leer el futuro fracasaron.

Kodak tuvo primero 25 años para adaptarse, luego 10, después apenas 2 o 3, y finalmente el cambio la superó. Se convirtió así en el ejemplo paradigmático para demostrar cómo el cambio exponencial puede tomarnos por sorpresa: al principio no lo vemos venir y, de repente, nos pasa por encima.

Todos somos un poco Kodak. Vemos venir el cambio, pero nos cuesta adaptarnos.

Al que no le costó fue a Netflix, la compañía que, ya en plena era digital, entendió la necesidad de adaptarse con velocidad y cambió de caballo sin importarle que estuviera a mitad del río.

Cambiar a tiempo y todo el tiempo

Todo comenzó cuando un graduado de Ciencias de la Computación de 37 años, Reed Hastings, devolvió *Apolo 13* tarde a su Blockbuster amigo.[25]

¿Se acuerdan de Blockbuster, con los mismos colores de Boca Juniors y sus locales alfombrados y bien iluminados donde, además de alquilar videos, se vendían golosinas para que uno pudiera disfrutar de la película como si estuviera en el cine? ¿Y recuerdan que cobraba un recargo cuando uno devolvía tarde el video? Obviamente, a Hastings le correspondió pagar ese recargo.

La historia de los videos hogareños había comenzado en 1980, cuando se creó la primera videograbadora. Hasta ese momento el negocio de las películas no era demasiado rentable. Para pasar una película en televisión había que comprar los derechos a las productoras cinematográficas sin saber cuál sería su éxito.

Con la llegada de las videograbadoras y videocasetes (VHS), al empresario John Antioco se le ocurrió repensar el negocio. Les propuso a las productoras darles una porción de las ganancias por el alquiler. Y con eso cambió la industria. Así nació Blockbuster y se convirtió en poco tiempo en lo que su nombre en inglés significa: un éxito de taquilla.

En la cúspide de su existencia, la cadena tenía sesenta mil empleados y ocho mil tiendas y abría una nueva cada 24 horas. El secreto del éxito comercial de Blockbuster era justamente la multa que cobraba por una devolución tardía. Tanto que en

25. *Lights... Camera... Disruption.* Dell Technologies. Trailblazers Podcast 01. 2017. <www.delltechnologies.com>.

2000 esa cifra ascendió a 800 millones de dólares, el 16 por ciento de sus ganancias anuales.

Hasta que llegó el enojo de Hastings quien, junto con Marc Randolph, decidió crear su propia compañía de alquiler de videos con el énfasis puesto en el cliente, especialmente en los que, como ellos, estaban cansados de pagar multas. Y empezaron a utilizar como soporte el DVD, mucho más liviano y finito que los VHS. Y así podían enviarlo por correo y permitían que cada uno se lo quedara el tiempo que quisiera.

A la empresa le empezó a ir tan bien que en 2000 Hastings se reunió en Dallas con Antioco, el CEO de Blockbuster, para ofrecerle que comprara Netflix por 50 millones de dólares. A Antioco le pareció que el nicho de mercado que tenía Netflix era muy pequeño. El final de la historia todos lo conocemos: en 2010, Blockbuster se declaró en bancarrota y hoy Netflix está valuada en sesenta mil millones de dólares.

Pero esta no es la parte más interesante de la historia. Lo que distingue a Netflix es lo que Hastings hizo después. A pesar de que Blockbuster había quebrado y a Netflix le estaba yendo muy bien con el alquiler de películas por correo, Hastings se dio cuenta de que el futuro iba a ser móvil y pensó cómo adaptarse. Así, en cuanto la tecnología se lo permitió, empezó a ofrecer ver las películas por Internet. Después de una negociación con las distribuidoras, lo logró en 2007.

Sin embargo, Hastings no paró ahí. Tiempo después entendió que tenía que convertirse en productor y distribuidor y así poder brindar productos que no se consiguieran en ningún otro lado. Surgió entonces *House of Cards*, el primer hit de la compañía. Después se sumarían más de cien series y películas.

El tiempo es oro

La moraleja de estas dos historias es que en este Mundo Orbital en el que estamos inmersos la velocidad es clave. Ya no estamos en la era de Kodak ni en la de Blockbuster; nadie tiene ni 25 ni 10 años para adaptarse. Estamos todo el tiempo participando de una carrera de cien metros, aunque lo que haya que correr sean diez kilómetros. De todo hay que enterarse ya, responderlo ya y entregarlo ya. Hacemos muchas más cosas que antes, tenemos miles de distracciones, sumamos muchas más capas a lo que hacemos.

Y nos queda menos espacio para la reflexión. Todo es más breve. En los medios digitales, los textos son cortos; si se escriben 500 palabras es posible que nadie las lea. Un tuit son 280 caracteres.

El tiempo fue siempre un elemento preciado. Hoy lo es más que nunca. Y es lo que unifica a todos los seres humanos: sin importar el lugar de la pirámide en la que se encuentren, el poder, el conocimiento o el dinero que tengan. Para todos, el tiempo es finito y como tal tendemos a cuidarlo más que al oro.

Por eso buscamos atajos, eficiencias y sinergias en nuestra vida diaria. No perdemos un minuto. Contestamos correos electrónicos en el semáforo y pedimos la cita con el dentista mientras nos duchamos.

¿Se acuerdan cuando durante un viaje en ascensor comentábamos algo con quien viajaba con nosotros? Aunque más no fuera acerca del clima. Hoy todos estamos ocupados resolviendo algo desde nuestros teléfonos. Ni el espejo del ascensor nos llama la atención. Nos importa más nuestro teléfono que cómo lucimos. Y si le escribimos a alguien usamos una especie de código morse que nos ahorra esfuerzo y tiempo. "Ke" reemplaza a "que", "xq" a "porque", "slds" a "saludos" y por supuesto los emojis reemplazan muchísimo más.

Estos dibujitos son realmente un nuevo lenguaje. A modo de jeroglíficos egipcios o ideogramas chinos, los usamos para transmitir sentimientos, sensaciones, deseos y frases enteras a través de una sola imagen.

Parece simple, pero las implicancias sobre la comunicación humana son inconmensurables. Porque, a fin de cuentas, escribir con emojis es saltearse el lenguaje.

Los seres humanos no pensamos en palabras, pensamos en conceptos que se traducen en imágenes en nuestra cabeza y, después de un proceso racional y consciente, se trasladan a palabras. Pero cuando hoy alguien elige un emoji para comunicar algo, se está salteando el proceso mental de poner las sensaciones en palabras.

Si, por ejemplo, alguien por Skype nos pregunta cómo estamos, podemos elegir ese muñequito sentado frente a su computadora, tecleando como loco con las dos manos y que, en un momento, se detiene y comienza a dar la cabeza contra el teclado. ¿Hace falta la explicación verbal? No, claro que no. La imagen valió más que mil palabras. Es más, la imagen nos ahorró todo el tiempo y el esfuerzo de encontrar esas mil palabras.

¿Qué va a pasar entonces con nuestro lenguaje? ¿Llegará un momento en que no tengamos palabras para definir algo que nos esté pasando y que solo podamos definirlo con un emoji?

Nuestras mentes están cambiando para poder absorber los cambios que se producen a cada instante.

El psicoanalista Julio Moreno no es tan optimista respecto de la adaptación que podamos realizar los que nacimos a fines del milenio pasado: "Mi generación estaba acostumbrada a entender. El camino hacia todo era el entendimiento. Me acuerdo de que compraba aparatos y decían: 'no los toque antes de leer el manual'. En este momento la consigna no es esa: los chicos captan, no entienden; captan elementos centrales, tienen otra mente. Para bien o para mal. Mi idea es que los *millennials* tienen otro cableado y otra química cerebral. Los chicos están más adaptados a lo que sucede en este momento".

En eso sí estamos de acuerdo: las nuevas generaciones están más acostumbradas que las viejas a esta realidad, la sufren menos, necesitan menos contención emocional frente a la sensación de estar constantemente fuera de la zona de confort.

Son ellos quienes no solo están cómodos con la velocidad a la que se mueve el mundo, sino que no pueden concebirlo de ninguna otra forma. ¿Cómo explicarle a un *millennial* que antes de que existieran los teléfonos celulares había que comprar fichas y encontrar una cabina telefónica (con un teléfono que funcionara) para hacer una llamada si uno estaba fuera de casa? ¿Cómo contarles que para comprar un pasaje de avión o reservar una habitación de hotel había que ir hasta una agencia de viajes?

Sin embargo, la vertiginosidad de hoy es contagiosa. La hemos incorporado todos, en mayor o menor medida, a nuestra cotidianeidad y, por lo tanto, a nuestras expectativas. Hoy casi todo lo que deseamos se puede conseguir inmediatamente. Y por eso solemos quererlo ya.

Los que tenemos más de 30 años, conocimos los almacenes, esos negocios en los que comprábamos lo que había. Después llegaron los supermercados, con muchas más opciones, pero siempre limitados a una cierta cantidad de productos. Hoy está Internet, donde uno puede encontrar lo que quiere en el momento en que lo desea. Y los grandes sitios de venta online están trabajando para tener centros de abastecimiento locales con el fin de que, sin importar en qué lugar del mundo estemos, podamos tener lo que queremos en el lapso de tres horas entregado por drones.

Lo mismo pasa con los servicios. ¿Necesito un auto? Aprieto un botón de mi celular y Uber me pasa a buscar. A muchos, cuando queremos leer un libro, nos da pereza pensar en ponernos un abrigo, ir hasta la librería más cercana, ver si encontramos lo que estamos buscando y volver a casa para leerlo. ¿Para qué? Si con solo apretar un botón del Kindle de Amazon y pagar una suma pequeña, podemos tenerlo inmediatamente, ¡y en varios idiomas! Lo mismo con los diarios impresos. ¿Es cierto que todavía, en el siglo XXI, se destina tiempo a imprimir y distribuir los diarios con noticias que, cuando llegan a los hogares, ya son viejas?

Pronto arribarán las impresoras 3D y allí sí que las posibilidades serán ilimitadas. ¿Quiero una cartera para la fiesta de esta noche? Probablemente en poco tiempo vaya a poder imprimirla en mi casa e ir a la fiesta con ella.

Y con la cantidad de nuevos productos y modelos y sus actualizaciones constantes, también ha cambiado la duración de lo que consumimos.

¿Se acuerdan de los refrigeradores de los años 50, esos que podían estar en la cocina toda la vida, sin necesidad de ser reemplazados? En casa tengo un lavarropas de hace más de veinte años. Cada vez que se rompe, el técnico, una de esas especies en vías de extinción, me dice que no me conviene cambiarlo porque los nuevos vienen cada vez peor y duran cada vez menos. Más allá de que sé que vive de que los lavarropas viejos se rompan (porque son los únicos que se pueden arreglar), le creo. Las cosas ya no duran lo que duraban antes.

La frase suena trillada, pero es verdad. Y también es cierto que ya no queremos que duren lo mismo que antes, porque vivimos en la era de la actualización permanente, en la que nuestras cosas y nosotros mutamos todo el tiempo y nos adaptamos al cambio continuo.

¿Obsolescencia programada?

En el documental *Comprar, tirar, comprar*, la directora alemana Cosima Dannoritzer habla de la obsolescencia programada y de cómo esa táctica, que se extendió a todas las industrias —la tecnológica es quizás la más paradigmática—, nació como una estrategia para vender más.

El caso que cuenta Dannoritzer es el de las lamparitas eléctricas. Cuando Thomas Edison las inventó, eran de máxima duración. Pero, cuando la cantidad de consumidores creció, las empresas empezaron a evaluar cómo maximizar sus ganancias. Y la leyenda dice que, en los años 20, varios fabricantes de diferentes países —Osram, Associated Electrical Industries y GE, entre otros— se pusieron de acuerdo para reducir la vida de las lamparitas artificialmente y que no superaran las mil horas de uso. Esta maniobra se hizo famosa con el nombre de Cartel Phoebus.

Como prueba de que esta obsolescencia no es real, sino producto de lo que algunas empresas creyeron que les convenía, Dannoritzer muestra en su documental el caso del Departamento de Bomberos de Livermore, California, donde todavía brilla un foco que la empresa Shelby Electric Company fabricó en 1901.

Hoy es raro que alguien tenga un teléfono durante más de dos años: las baterías se agotan, las aplicaciones no se pueden actualizar, no hay modo de hacer más lugar en la memoria, las pantallas se quiebran... En fin, no existe manera de no captar el mensaje: es hora de cambiar el teléfono.

Hay consumidores, dice Dannoritzer, que ante esta realidad de tener que "comprar y tirar, comprar y tirar" están exigiéndoles a los fabricantes que desarrollen productos más duraderos. ¿Pero se enfrentan estos consumidores a la obsolescencia programada o a otra cosa? Lamentablemente, la gente que hoy quiere que sus productos duren más, está peleando contra molinos de viento.

En la actualidad la tecnología cambia tan rápido que las empresas ya no pueden elegir cuándo sus productos se ponen obsoletos. Algunas empresas intentan no lanzar al mercado nuevos productos o actualizaciones para sacarle el jugo a los anteriores. Estas tácticas, sin embargo, rara vez funcionan, porque en el contexto actual enseguida aparece un competidor o un nuevo actor en el mercado dispuesto a vender la última versión de cualquier producto. Hace unos años me encontré con un alto ejecutivo de Unilever, quien me contó que, si bien el proceso normal de desarrollo de un producto era de 24 meses, estaba intentando reducir ese período a 6 meses para evitar salir al mercado con un producto ya obsoleto.

Es que la velocidad de actualización está superando a los fabricantes. Por eso aparecen ideas como el Proyecto Ara de

Google: teléfonos inteligentes modulares que permiten cambiar solo las partes que queden obsoletas y no todo el aparato entero.

Esta tendencia no está siendo impulsada únicamente por el cambio tecnológico. Hoy los consumidores también reclaman la última actualización. Se ha convertido en una adicción. Todos tenemos incorporada la necesidad de que las cosas se actualicen de modo constante.

Pasamos entonces de una realidad en la que las empresas digitaban qué cambiar y cuándo a otra en la que en parte somos nosotros, los consumidores, los que exigimos a las corporaciones que se renueven en forma permanente.

Esta es una prueba más de que el mundo cambió de manera radical. Las empresas ya no tienen el poder. No deciden solas. Hoy la tecnología dicta el paso y la gente las lleva de las narices y las obliga a responder a sus necesidades y deseos cuándo y cómo ellos decidan.

Este nivel de expectativas presiona al mundo de los negocios y de las organizaciones a responder rápido, con inmediatez. Si no, fíjense lo que me expresó mi hijo hace unos años, cuando tenía 4:

—Quiero un muñeco de Buzz Lightyear —acabábamos de terminar de ver *Toy Story*.

—Se lo vamos a pedir a Papá Noel —intenté retrasar un poco la compra, aprovechando que estábamos en noviembre.

—Mejor pidámoselo a FedEx, que llega más rápido —retrucó.

Nada más que agregar.

La rueda de la *Fortune*

En un mundo como el actual la única manera de seguir el ritmo de los cambios y de la gente es no salirse de la órbita, no desensillar hasta que aclare; participar. Porque, si uno no lo hace cuando hay que hacerlo, otro te pasa por encima.

Ninguna organización —sin importar su tamaño o poder en el mercado— tiene su lugar asegurado. La expectativa de permanencia en el *Fortune* 500, el ranking publicado por la revista *Fortune* con las 500 empresas de más ingresos, cayó en las últimas cinco décadas de 75 a 15 años. Esto es producto del cambio continuo. Quienes están en una posición prominente hoy, dentro de dos años quizás ya no lo estén más. En 1990, las cuatro primeras en la lista eran General Motors, Ford Motors, Exxon-Mobil e IBM. En 2016, de esas solo quedaba Exxon, en segundo lugar. En el primero estaba Walmart, en el tercero Apple y en el cuarto Berkshire Hathaway.

Para intentar mantenerse, dada la gran velocidad a la que nos movemos, es fundamental tener una dirección y una meta bien definidas. Hoy no tenemos tiempo de detenernos en el camino para evaluar, meditar, ir y venir. La claridad en el plan de acción nos va a permitir reaccionar adecuadamente a los cambios inesperados.

Aquí es donde aparece, de nuevo, la necesidad de tener bien claro nuestro propósito. No hay camino por recorrer sin un destino. Ese destino es el propósito de cada organización.

En el contexto inestable de hoy compartir ese propósito con nuestro entorno ya no es opcional. Es indispensable.

Hay que pensarlo así: cuando vamos conduciendo un bólido a toda velocidad en bajada por una ruta sinuosa de montaña,

tenemos que tener buena dirección, por supuesto, para no salir-
nos de la ruta. Pero si los pasajeros tratan de abrir la puerta por
el camino y los autos que vienen en sentido contrario se nos vienen encima, es poco probable que logremos llegar a la base sa-
nos y salvos.

En otras palabras, si no conseguimos la colaboración de los
demás, tenemos pocas posibilidades de tener éxito.

6

Colaboración: ¡a cazar el mamut!

Desde que el hombre es hombre ha colaborado con sus semejantes. Cazar un mamut, cuidar a las crías recién nacidas, armar una fogata, sacar la piel de un animal para protegerse del frío, pintar las cavernas, recolectar frutos o, cuando empezó la agricultura, sembrar y armar las chozas en las que iban a refugiarse del frío, son todas actividades que eran mucho más eficientes y exitosas si el trabajo se hacía en equipo.

¿El espíritu colaborativo y solidario viene en nuestros genes o colaboramos para sobrevivir?

Las discusiones filosóficas acerca de por qué somos solidarios llevan más de dos siglos.

El primero en hablar del asunto fue Charles Darwin, autor de *El origen de las especies*. Cuando, con apenas 22 años, zarpó del puerto inglés de Plymouth como parte de la tripulación del barco Beagle a cargo del capitán Robert Fitz Roy seguramente no imaginó que esa expedición —que tenía prevista una duración de dos años, pero llevó cinco— le cambiaría la vida.

A bordo del Beagle recorrió buena parte del mundo y se estima que fue en las islas Malvinas donde observó a una suerte de zorro o lobo que le permitió desarrollar su teoría de la supervivencia de las especies.

Cuando hay pocas presas para cazar, explicaba Darwin, los lobos más veloces y delgados, con características más favorables para la caza, tienen más posibilidad de sobrevivir y generan más descendencia que, a su vez, hereda las características de sus ancestros. Así, aseguraba Darwin, poco a poco, tras un lento proceso de selección natural, se llega a una población de lobos mejor adaptados para cazar y, por ende, para sobrevivir.[26]

De este modo nació la teoría de la selección natural, que también postula que esa selección se da respecto de los comportamientos: si hay conductas que tienen efectos que favorecen la longevidad y las posibilidades de reproducción y pasan de generación en generación, la selección natural favorece estos comportamientos y no otros. Y la colaboración, ¡oh, casualidad!, es uno de esos comportamientos.

"Aquellos que aprenden a colaborar y a improvisar son los que más probabilidad de prevalecer tendrán", aseguraba Darwin a mediados del siglo XIX. No estaba en este pensamiento la colaboración (o el altruismo) como un fin en sí mismo, sino como una herramienta que permitiría la supervivencia.

Durante el siglo XX la discusión continuó. ¿Por qué los humanos y animales colaboramos?

Algunos aseguran que la ayuda mutua es indispensable para que la especie humana exista. Después de todo, somos uno de los pocos animales cuya cría nace completamente indefensa. ¿Se imaginan un bebé recién nacido librado a su suerte, sin la

26. Dugatkin, Lee Alan. *Qué es el altruismo: la búsqueda científica del origen de la generosidad*. Buenos Aires. Katz. 2007.

protección de los demás miembros de su especie? Cuando nacemos ni siquiera podemos caminar o mantener la cabeza erguida. Esto es porque los bebés humanos tienen un tiempo de gestación mucho menor que muchos otros animales. Para que un bebé recién nacido pudiera valerse por sí mismo, la gestación dentro del cuerpo materno debería ser de 22 meses (y no de 9, como suele ser). Pero, por culpa de nuestra inteligencia, el cerebro (y la cabeza que lo contiene) es demasiado grande para estar más tiempo dentro del útero. Si el feto creciera más dentro del vientre materno, sería imposible que existieran los partos naturales. La cabeza del bebé no podría salir. Y las cesáreas son algo demasiado reciente en lo que a la evolución se refiere.

Por eso los seres humanos somos una especie gregaria. Siempre hemos vivido en tribus. La colaboración es indispensable para la supervivencia de nuestra especie. Sin ella no existiríamos.[27]

La colaboración es tan central en la vida del ser humano que hay científicos que aseguran que no se trata solo de perpetuar la especie, sino de que el altruismo y la colaboración entre los humanos resulta un fin en sí mismo y no solo un medio para sobrevivir.[28]

Más allá de cuál sea la motivación, en el mundo en el que vivimos la colaboración está a la orden del día e impacta en todo lo que hacemos. Si no colaboramos, nos vamos a perder esta

27. Montagu, Ashley. *La naturaleza de la agresividad humana*. Madrid. Alianza. 1978.

28. Foladori, Guillermo. "Reseña de *Unto Others. The Evolution and Psychology of Unselfish Behavior*" de Elliott Sober y David Sloan Wilson. *Theomai* 10. Universidad Nacional de Quilmes Segundo semestre de 2004. <www.redalyc.org>.

realidad que tiene códigos diferentes y nuevos horizontes. Si no, pregúntenles a los estrategas del presidente Mauricio Macri, que ganó dos elecciones repitiendo todo el día "juntos, lo tenemos que hacer juntos".

"Entendemos que la marca de la época es un empoderamiento muy fuerte de los individuos, una vocación de los individuos de ser parte y protagonistas, no solo espectadores y desde ese lugar nosotros planeamos el liderazgo como una convocatoria de un trabajo en equipo y no desde una actitud pasiva", dice Marcos Peña, quien fue el jefe de la campaña de Macri y más tarde se convertiría en jefe de Gabinete de su gobierno.

Los que no se guían por esta lógica la están empezando a pasar muy mal. Asediados por un mundo que insta a colaborar y luego nos pide rendir cuentas, los egoístas pueden aceptar jugar el juego a regañadientes, como los nenes caprichosos, o pueden ver cuánto más rico se ha vuelto nuestro entorno. Lo que no pueden hacer es no colaborar.

Hoy todos necesitamos de los demás. El mundo nos ha devuelto a la era de las cavernas, cuando éramos seres muy vulnerables que nos apretujábamos alrededor de un fuego para protegernos del frío, la intemperie y las fieras salvajes. Ahora, como en aquel entonces, la colaboración es cuestión de supervivencia.

El consenso que perdió consenso

Por eso ya no es posible esconderse. Y mucho menos pretender decir qué es bueno y qué malo; qué está bien y qué no; qué hay que comprar, qué es novedoso y sirve, y qué quedó ya obsoleto.

En el Mundo Orbital todos podemos averiguar, preguntar, indagar y discernir. Por eso la existencia de un Propósito Compartido resulta fundamental, porque es lo que hace que todos —accionistas, empleados y clientes— quieran colaborar. Y la colaboración hoy no es una opción.

Durante décadas los negocios se rigieron por lo que había postulado Milton Friedman y las recetas del Consenso de Washington. Esto es: las empresas debían generar el mayor volumen de ganancias posible. Su objetivo principal era económico y debían contentar, al principio y al final del día, a los accionistas. Como ya vimos, hoy son muchos los que cuestionan esto.

El gran desafío actualmente es comprender que se volvió a despertar el espíritu colaborativo: antes para ayudar a alguien hacía falta mucha vocación, era un trabajo de tiempo completo; hoy, ayudar y colaborar es lo más fácil del mundo. Antes para donar dinero a la Cruz Roja había que hacer todo un trámite. Hoy hay miles de "Cruces Rojas". Basta con apretar un botón.

Pero, como casi siempre suele suceder, también en este campo hubo pioneros.

En 1980, solo cuatro años después de que Friedman, el gurú de la maximización de las ganancias, recibiera el Premio Nobel en Estocolmo, John Mackey fundó la cadena de supermercados Whole Foods en Austin, Texas. Su premisa fue dar a sus clientes comida orgánica, saludable, de buena calidad, sin químicos, conservantes ni aditivos y proveerse de granjeros locales para contribuir a mantener una agricultura y una comunidad sostenibles.

El lema de la cadena de supermercados dejaba ver claramente cuál era su propósito: *Todo por la comida, por la gente y por el planeta.* Así lo explicó Mackey: "Whole Foods intenta satisfacer primero un propósito más profundo. El dinero puede ser una distracción. Pero si quitas la prioridad de hacer dinero de la ecuación, entonces lo que realizas lo haces por satisfacer un propósito mayor y creas así una cierta pureza en tu motivo".[29]

Hoy Whole Foods tiene más de 460 tiendas en todo Estados Unidos, Canadá y el Reino Unido, y acaba de venderse a Amazon, en un negocio por el que Jeff Bezos pagó 13.700 millones de dólares. Pero un año después de la inauguración, el último lunes de mayo de 1981, cuando solo tenían 19 empleados en una única tienda, la peor inundación en 70 años dejó a Austin devastada. El agua lo cubría todo. El inventario y la mayoría del equipamiento de Whole Foods estaban dañados. Las pérdidas fueron de cuatrocientos mil dólares y la tienda no estaba asegurada. Creyeron que era el final, aunque la chispa ya había prendido. Los empleados, familiares, clientes y vecinos voluntarios ayudaron a reparar y limpiar los daños. Los acreedores, vendedores e inversionistas dieron un respiro para que la tienda pudiera recuperarse. Tan solo 28 días después de la inundación, Whole Foods abría de nuevo sus puertas.

El Propósito Compartido de Whole Foods y la colaboración que este encendió hicieron realidad el cliché: juntos, dueños, empleados y clientes realmente fueron más.

---

29. Cuenllas Soler, Arturo. "Caso Whole Foods Market: un propósito mayor y un modelo de gestión para fomentar la innovación, el compromiso y el conocimiento". Agosto de 2015. <www.conscious-hospitality.com>.

La suma de las partes

La colaboración no solo multiplica nuestros recursos, nos abre a ideas ajenas, que nunca habíamos considerado (por falta de información o porque simplemente no se nos ocurrieron) y que nos enriquecen y fomentan la innovación.

El ejemplo más emblemático de este efecto es la historia del Edificio 20, del MIT en Cambridge.[30]

En la primavera de 1942, el Laboratorio de Radiación del MIT estaba investigando y desarrollando radares para que los aviones aliados pudieran identificar a los enemigos a la distancia. El trabajo era tal que hizo falta contratar a cientos de científicos en pocos meses. El MIT se vio entonces en la necesidad de armar, rápidamente, una estructura que los albergara. Así nació el Edificio 20, que sería el mayor laboratorio del instituto hasta entonces. Estaba distribuido en tres pisos. Fue diseñado en una tarde por una firma local de arquitectos y fue construido en forma veloz y a un muy bajo costo. Aunque la estructura ni siquiera respetaba el código contra incendios de Cambridge, las autoridades dejaron que se inaugurara como una excepción, ya que sería algo temporario que se demolería apenas terminara la guerra.

Inicialmente, el Edificio 20 fue visto como un fracaso. La ventilación era escasa y las salas, sombrías. Las paredes eran angostas, el techo tenía filtraciones y todo el edificio era caluroso en verano y muy frío en invierno. Sin embargo, el trabajo que de allí salía era, invariablemente, pionero y revolucionario. ¿Cómo

---

30. Lehrer, Jonah. "Groupthink. The Brainstorming Myth". *The New Yorker*. Enero de 2012. <www.newyorker.com/magazine>.

era posible? Serían seguro las grandes mentes que lo poblaban, se pensó.

Cuando la guerra terminó, el MIT quiso cumplir su promesa y comenzó con los planes de demolición del edificio. Pero la afluencia de estudiantes dejó de nuevo al MIT con poco espacio. Así, el Edificio 20 se convirtió en un lugar de oficinas para los científicos de la universidad que no tenían otro sitio donde trabajar. La primera división que se mudó allí fue el Laboratorio de Investigaciones en Electrónica. Y muchos otros departamentos académicos y clubes de estudiantes lo siguieron.

Pronto el Edificio 20 se transformó en un extraño y caótico lugar en el que convivían grupos muy diversos. Dada la mala construcción, los científicos se sentían libres de personalizar la estructura sobre la base de sus necesidades. Las paredes, por caso, fueron demolidas sin permiso. Los números de las salas respondían a un esquema indescifrable y las alas no seguían una nomenclatura lógica. De este modo, quienes trabajaban en el Edificio 20 por lo habitual se perdían, vagando por los corredores en busca de la oficina que les correspondía. Y así la interacción entre científicos de distintos departamentos sucedía de modo espontáneo. El espacio obligó a los científicos solitarios a mezclarse y relacionarse con los demás. Cuando en 1998 fue al final demolido, el Edificio 20 se había transformado en una leyenda de la innovación y uno de los espacios más creativos de todo el mundo.

"La suma de inteligencias individuales no es sumatoria, sino exponencial. Se retroalimentan. Todos somos muy distintos, y cuando consigues extraer procesos de creatividad de otra persona, ese proceso impacta en tu propio proceso y dispara en ti, a su vez, un nuevo proceso de creatividad en una dirección que quizás nunca te habías planteado. Y así se van multiplicando", me dice José Almansa, un emprendedor español, fundador de Loom House, una casa de innovación y espacio para innovadores en Madrid.

Unirse para sobrevivir

Sin embargo, venimos de un mundo donde la consigna era diferenciarnos. Había que diferenciarse a cualquier precio, con el color del producto, el envase, el tema, etcétera. Hoy el mundo nos pone ante una prueba importante. ¿Somos capaces de compartir nuestro secreto para llegar a un resultado mejor? ¿Podemos cambiar este chip con el que nacimos o que adquirimos?

La lección del Edificio 20 del MIT es fundamental para cualquiera que haga negocios (o simplemente, viva) en el momento actual. Nuestro mundo se ha transformado en un entorno complejo, difícil de enfrentar desde una sola disciplina.

Muchas organizaciones entienden el dilema y están buscando formas de adaptarse.

Ivan Pollard, vicepresidente senior de Marketing Estratégico de Coca-Cola, resume qué está pasando, por ejemplo, en el terreno de la publicidad: "Las grandes consultoras están subestimando el valor de la creatividad y las agencias (de publicidad) están subexplotando el valor de negocio de las herramientas de análisis. Alguien, pronto, va a resquebrajar esto porque datos más creatividad es el futuro".[31]

---

31. Ritacco, Edgardo. "Consultoras versus agencias de publicidad: apunten, fuego". Adlatina.com. Mayo de 2017. <www.marketersbyadlatina.com>.

Quizás la primera compañía en intentarlo ha sido Deloitte, una de las venerables "cuatro grandes" (como se llama a las cuatro principales firmas de contabilidad del mundo). Deloitte compró en 2016 una agencia de publicidad de mucho prestigio con sede en San Francisco llamada Heat.

Esta unión de lo que parecerían ser dos visiones del universo completamente opuestas (la estructura mental del contador versus la apertura del creativo) es una de las piezas de lo que Deloitte llama su intento por crear "un modelo que transforma la manera en que se aborda el negocio [de la consultoría a nivel] de C-suites en la era digital".[32]

"La capacidad creativa extraordinaria y premiada de Heat es el complemento perfecto para nuestro negocio digital", declaró Andy Main, el CEO de Deloitte Digital y presidente de Deloitte Consulting LLP, en el momento de la compra.

En otra asociación parecida a la de Deloitte y Heat, al momento de terminar de escribir este libro, había rumores de que Accenture, una de las principales consultoras de los Estados Unidos, era un comprador probable de los gigantes de la publicidad y comunicaciones globales WPP y Publicis.

De hecho, Deloitte y Accenture están tratando de recrear lo que sucedía orgánicamente en aquel legendario Edificio 20 del MIT: unir a personas de disciplinas diferentes —y hasta dispares— con la esperanza de encender la chispa de la innovación.

Esta es la tendencia actual en el mercado. Las empresas que prestaban servicios que antes se consideraban completamente contrapuestos empiezan a colaborar para crear productos

---

32. "Deloitte Digital Announces Acquisition of Award-Winning Advertising Agency Heat". Deloitte. Febrero de 2016. <www.cmo.deloitte.com>.

y servicios diferentes, más holísticos y que responden mejor a las realidades de la era digital y a todas las oportunidades que esta ha abierto.

Es una estrategia de supervivencia, parecida a la que veíamos que se da a nivel biológico al principio del capítulo.

"Nadie arma relaciones porque está aburrido —dice David Nour, autor del libro *Cocrear: cómo se beneficiará su negocio de la colaboración innovadora y estratégica*—. Se crean porque nadie tiene todas las respuestas. La colaboración es hacer que el resultado final sea diferente, más inteligente, más fuerte, más rápido. Se da cuando cada uno tiene interés en el éxito del otro".[33]

El poder de las masas

Y ahora además contamos con el poder de la tecnología. No solo el ser humano es colaborativo, sino que está siendo llevado por el momento actual a asociarse con sus pares para llegar más lejos. La hiperconexión en la que estamos sumergidos nos permite también un nivel de colaboración inédito. Hoy podemos reunir a mucho más de tres o cuatro (o 3000) expertos de distintos campos. La tecnología nos permite escalar la colaboración hasta el infinito.

Esto está llevando a usar el poder de las redes que nos conectan a todos para intentar resolver problemas que antes eran demasiado complejos para un simple grupo de personas.

33. Vozza, Stephanie. "Lecciones de innovación: cómo Uber, Adidas y Tesla apelan a las alianzas estratégicas para avanzar". *La Nación*. Mayo de 2017. <www.lanacion.com.ar>.

Antes el conocimiento se atesoraba en bibliotecas intermina-
bles, donde cada libro ofrecía la sabiduría de un autor. Hoy existe Wikipedia, la enciclopedia online colaborativa más famosa
del mundo. Es de consulta gratuita, está disponible en 287 idiomas y en mayo de 2017 tenía casi 40 millones de artículos.

El proyecto, que hoy es propiedad de la organización sin fines de lucro Wikimedia Foundation, fue iniciado por Jimmy
Wales y Larry Sanger a comienzos de 2000 y su eslogan era:
"Wikipedia, la enciclopedia gratis que cualquiera puede editar".
Y así está hecha, por múltiples usuarios que crean, modifican y
editan su contenido. Y no son pocos. Según informan en la misma enciclopedia, cuentan con casi 5 millones de usuarios regis-
trados.[34]

Gracias a la colaboración de muchos fue posible llevar adelante un proyecto en el que el conocimiento, considerado tradicionalmente como algo exclusivo, es creado y editado constantemente por muchas personas y ofrecido a toda la humanidad, sin
restricciones de geografía, raza o credo. Wikipedia contribuyó a
que nos cuestionáramos quién y de qué manera puede producir
conocimiento. Y hay de todo. Hay páginas —como la de la serie
Friends— que tienen más de dos mil revisiones y otras —como
la del pintor y escritor japonés de haikus, Yosa Buso— que solo
tienen 113.[35] Pero está, y quien quiera saber acerca de la vida de
ese oscuro artista tiene la información en sus manos.

Frente a Wikipedia, las enciclopedias tradicionales no pueden pensar siquiera en competir. Pero tampoco pueden hacerlo

---

34. Wikipedia. <www.wikipedia.org>.

35. Martínez Rodríguez, Cristina. *Wikipedia, inteligencia colectiva en la red*. Barcelona. Profit. 2012.

sus primas más modernas, como Encarta, la enciclopedia que Microsoft lanzó en DV ROM y CD ROM y que, pese a que fue muy exitosa en un comienzo, tuvo que discontinuarse en 2009 al no poder competir con la enciclopedia gratis y colaborativa online.

La colaboración ha llegado incluso a campos impensados. Una cosa es que la colaboración se dé en una enciclopedia online en la que, mal o bien, solo se trata de palabras escritas. Pero ¿qué habrían dicho hace diez años los médicos especializados si alguien les hubiera sugerido que un montón de amantes de los jueguitos electrónicos los podrían ayudar a resolver el diagnóstico de alguna enfermedad?

Porque algo que antes, en soledad, podía llevarles décadas a los científicos, hoy gracias a la suma de infinidad de colaboradores puede reducir considerablemente los tiempos. Y eso implica que una persona enferma que antes no podía salvarse, gracias a la ayuda de muchos (y de muchos no especializados), ahora puede hacerlo.

El mal de Alzheimer fue descripto por primera vez en 1906 por el psiquiatra y neurólogo alemán que llevaba ese apellido. Se trata de una enfermedad que surge como consecuencia del deterioro neurológico y que puede acarrear diferentes síntomas como pérdida de memoria, confusión, dificultades para hablar, desorientación en tiempo y espacio (aun en lugares familiares) y cambios de comportamiento, entre otros.

Para poder tratar esta condición es fundamental un diagnóstico precoz y eso solo es posible mediante estudios muy detallados, exhaustivos y multidisciplinarios que incluyen consultas a los familiares más cercanos, exámenes de laboratorio, estudios físicos y neurológicos muy extensos, la realización de diferentes pruebas, electroencefalogramas y distintos estudios por imágenes como tomografías o resonancias magnéticas, entre otros. La conclusión es que pocas veces se logra detectar antes de que los síntomas ya estén demasiado avanzados y los daños en el cerebro sean extensos.

El modo de hacer un diagnóstico precoz —y poder así tratarla a tiempo— es algo que viene preocupando a los científicos desde hace más de un siglo. A lo largo y ancho de todo el mundo, equipos de investigación llevan años estudiando esta enfermedad, que afecta a más de 30 millones de personas en todo el planeta.

Hasta que un día el ingenio de un hombre, y sobre todo el poder del trabajo colaborativo, lograron progresos en períodos que ya no fueron al ritmo pausado en que la ciencia suele (o solía) avanzar, sino que consiguieron dar saltos en tiempos mucho más esperanzadores para la escala humana.

Michael Hornberger, jefe del Departamento de Medicina y profesor de Investigación Aplicada sobre Demencia en la Universidad de East Anglia, Inglaterra, disfrutaba viendo a su hijo jugar al videojuego que él había ayudado a crear. Y la historia de ese juego, donde un hombre joven ayuda a su padre a recuperar recuerdos perdidos, le hizo acordar a su abuela que había fallecido unos años antes, luego de ser diagnosticada con demencia.

A Hornberger se le ocurrió en ese momento que un videojuego podía convertirse en una herramienta de investigación. Creó entonces Sea Hero Quest, que vio la luz a mediados de 2016 y se convirtió en una herramienta fundamental para detectar signos tempranos de Alzheimer.

El proyecto, financiado por el Centro de Investigación de Alzheimer del Reino Unido, permite a los investigadores estudiar cómo trabaja una mente normal. A partir de cómo se las arregla cada persona (sana, sin síntomas visibles de enfermedad alguna) para desenvolverse en los ríos congelados y los océanos desbordados del Sea Hero Quest, los investigadores pueden establecer cómo funcionan a un nivel profundo las mentes sanas.

Hasta que miles de personas en todo el mundo jugaron a Sea Hero Quest, el Alzheimer solo podía ser diagnosticado cuando el paciente mostraba los primeros signos de pérdida de memoria. Y en ese momento ya era poco lo que se podía hacer para enlentecer el progreso de la enfermedad. Las pruebas que existían eran muy extensas y estaban basadas en el lenguaje, lo que hacía muy complicada su traducción. No había una herramienta disponible en todos los idiomas ni en todos los rincones del mundo: Sea Hero Quest se transformó en un instrumento de diagnóstico que puede usarse globalmente.

Poniendo a un paciente a jugar Sea Hero Quest, los investigadores pueden chequear —sobre la base de las decisiones tomadas por el jugador— su memoria, su percepción visual y su capacidad para situarse en el espacio. Como estas habilidades son desarrolladas por una parte del cerebro, el hipocampo, que es la primera que se deteriora en los pacientes con Alzheimer, permite hacer un diagnóstico temprano en caso de que alguien esté padeciendo los primeros síntomas —aun imperceptibles a simple vista— de la enfermedad.

De este modo, según estimaciones de los investigadores, cada persona que juega durante dos minutos les provee la información equivalente a la que podrían recopilar los científicos trabajando en un laboratorio durante 70 años. Dos minutos versus 70 años. Otro ejemplo claro de cómo la colaboración potencia y maximiza.

En esencia, la multitud se ha convertido en una inteligencia colectiva disponible cuando se sabe cómo despertar el bichito de la colaboración.

Un arma de doble filo

La colaboración, de todos modos, puede presentar desafíos y escollos que muchas veces las corporaciones no se ven venir. Porque, lo sabemos, no todo es color de rosa. En el terreno de la colaboración tampoco. De ahí que tener un Propósito Compartido, alineado con los intereses de nuestra comunidad, resulta fundamental. No se puede ir en contra de la corriente. O corremos el riesgo de que nos pase lo que le sucedió a Microsoft.

Cuando alguien navegaba en Internet cerca de 1997 había un 80 por ciento de probabilidad de que lo hiciera a través del buscador Netscape. Unos cinco años después, Microsoft Internet Explorer había capturado el 90 por ciento del mercado de los buscadores. El gigante de esta historia, Microsoft, había destinado tantos recursos que Netscape se dio cuenta de que no podría competir. Sin embargo, seguía creyendo en la visión de su buscador de crear una web para todo el mundo y limitar el poder de Microsoft y su monopolio. Y no bajó los brazos.

Así, en 1998, la compañía decidió abrir el código de Netscape al público: si no podían competir con Microsoft con dinero, pensaron que quizás alguien más encontraría otra manera de quitarle poder. Lo llamaron el proyecto Open Source Mozilla. De a poco, muchos fueron sumándose y generando mejoras en el producto. Así, el proyecto Mozilla se volvió mucho más grande que cualquier compañía.

En 2003, AOL —la empresa que había comprado Netscape— y Mitch Kapor, un vanguardista de la revolución informática, sentaron las bases de la Fundación Mozilla para financiar el trabajo de esta comunidad que se transformó en la salvaguarda de que Internet no fuera nunca propiedad exclusiva de las empresas.

La Fundación Mozilla tiene un Propósito Compartido profundo —Internet por y para la gente— y fue primero un movimiento y luego una organización. Y ni siquiera es una sola organización. Una empresa comercial se formó dentro de la entidad sin fines de lucro y se estableció una organización híbrida que tiene cientos de empleados y ganancias de más de 100 millones de dólares al año. Aun así, su existencia responde a servir a los voluntarios y usuarios que sostienen Internet para todos.

De este modo, entre muchos, pudieron hacer lo que los ejecutivos de Netscape no habían logrado: torcerle la mano al monopolio de Microsoft.

En abril de 2016, según datos del sitio de estadísticas StatCounter (que elabora su información tras analizar tres millones de sitios de todo el mundo), Firefox logró superar a los navegadores de Microsoft (Internet Explorer y Edge) al alcanzar un 15,6 por ciento del mercado a nivel mundial en su versión para escritorio frente al 15,5 por ciento de los buscadores del antiguo Goliat de Internet.

Así los voluntarios de la Fundación Mozilla demostraron que con un propósito claro y profundo y con el poder de la colaboración se pueden también hacer grandes negocios.

Dale la mano a tu máquina amiga

Lo vemos a diario en nuestras vidas. Cuando colaboramos, interactuamos e intercambiamos con personas que nos aportan valor, salimos favorecidos: aprendemos, nos enriquecemos, miramos las cosas desde otra óptica y el resultado de lo que estamos haciendo es mejor. ¿Se imaginan si la colaboración entonces deja de ser exclusivamente entre humanos? ¿Por qué no podemos empezar a evaluar la posibilidad de colaborar —también— con las máquinas, que son mucho más eficientes que los seres humanos en muchos aspectos? En lugar de verlas como la amenaza que nos va a quitar el trabajo y a reemplazar, podemos empezar a pensar escenarios en los que colaboremos unos y otras.

Después de que la supercomputadora Deep Blue le ganara al maestro del ajedrez Garry Kasparov en 1997, enseguida el desafío fue otro. No solo bastaba con que las máquinas pudieran almacenar y procesar millones de partidas y así evaluar qué jugada tenía más posibilidades de ganar. El reto ahora era lograr que las máquinas aprendieran. Y esta vez el blanco no fue el ajedrez, sino el Go, un juego milenario que —cuenta la leyenda— fue inventado por un emperador chino para educar a su hijo, que se juega con un tablero de 19 filas por 19 columnas (en lugar de las 8 por 8 que tiene el ajedrez) y en el que —por partido— cada jugador realiza un promedio de 200 movimientos (contra los 40 que se realizan en el ajedrez).

Demis Hassabis, neurocientífico inglés, investigador en inteligencia artificial y programador de videojuegos, lo tomó como algo personal. Desarrolló el programa AlphaGo que logró que las máquinas fueran aprendiendo de ellas mismas y sacaran conclusiones a medida que incorporaban nuevas experiencias. En 2014, Google compró la compañía de Hassabis y en marzo de 2016 desafió al campeón mundial de Go, Lee Sedol, nacido en Corea del Sur. Jugaron cinco partidas; el humano perdió cuatro.

Hasta ese momento las máquinas tenían capacidad de decidir qué hacer en cada momento, según la información que tenían almacenada y procesada. Con AlphaGo empezaron a aprender mientras jugaban.

Hoy convivimos y colaboramos con las máquinas. Y estamos cada vez más cerca de convencernos de que así podremos construir juntos un futuro mejor.

En esa línea algunas empresas —en lugar de desarrollar tecnología para reemplazar a los humanos— están buscando alternativas para que las máquinas colaboren en las tareas que realizamos. Se los conoce como robots colaborativos y son pequeños y relativamente económicos (pueden alcanzar las decenas de miles de dólares que para estas máquinas no es demasiado). Las compañías los están pensando para ayudar a los trabajadores a realizar sus tareas más rápido y aumentar su productividad en momentos de mucha recarga como suelen ser, por ejemplo, los períodos de vacaciones cuando se suman tareas extra.[36]

Marco Annunziata, de GE, asegura que hay una nueva forma de colaboración e interacción entre los humanos y las máquinas, tanto con las físicas (como los robots) como con las virtuales (inteligencia artificial). Según Annunziata, luego de la Revolución Industrial y de la revolución de Internet, estamos

36. Smith, Jennifer. "A Robot Can Be a Warehouse Worker's Best Friend". *The Wall Street Journal*. Agosto de 2017. <www.wsj.com/articles>.

viviendo un nuevo cambio de paradigma: aquel que tiene que ver con Internet industrial, en el que se verifica una nueva con-vivencia entre las máquinas y la inteligencia humana.

Hoy las máquinas son equipadas con múltiples sensores que les permiten generar una cantidad de datos enorme y así favorecer a que los humanos puedan operarlas de un modo nuevo y más eficiente: "Las máquinas con las que trabajamos no solo son inteligentes, son brillantes. Tienen conciencia, se pueden predecir; son reactivas y sociales", se entusiasma el economista de GE.[37]

Lo mismo ocurre con Watson, el robot creado por IBM. En 2011, se enfrentó a dos humanos en el concurso televisivo *Jeopardy!*, y como era de esperar, les ganó. Watson es un software con una cantidad impresionante de datos almacenados que, antes de dar una respuesta, bucea para encontrar la que mejor se adapta a la pregunta formulada. Cinco años después, en 2016, la compañía decidió ponerle cuerpo a esa inteligencia e introducirla dentro de Nao, un robot de 58 centímetros de alto y 4 kilos. En su presentación en sociedad, el robot respondía preguntas, pero además gesticulaba como si se tratara de un humano. Aunque eso no fue todo: hasta bailó la coreografía del "Gangnam Style". De todos modos, lo más impresionante quizás es que —a medida que interactúa con humanos— Watson va aprendiendo cada vez un poco más.[38]

37. *The Digital Industrial Revolution*. Podcast TED Radio Hour. National Public Radio. Abril de 2017. <www.npr.org>.

38. "Watson es ahora un robot: así es el primer cuerpo del superordenador más famoso del mundo". *Blogthinkbig*. Telefónica. Junio de 2016. <www.blogthinkbig.com>.

El robot fue utilizado en la recepción de un hotel de Virginia, Estados Unidos, para responder las inquietudes de los turistas sobre qué lugares visitar, dónde comer o cualquier otra duda que les surgiera durante su estadía. Pero este robot también fue pensado para situaciones más delicadas: asistió a personas enfermas de cáncer. En una asociación de IBM con la American Cancer Society (ACS), el robot asesoró y dio información a pacientes acerca de qué podría estar causándoles dolor y brindar opciones de tratamiento, según la situación de cada uno. Para dar este servicio, IBM y la ACS entrenaron a Watson con los datos de catorce mil páginas de cancer.org, con la información disponible por el Centro Nacional de Información sobre el Cáncer de la ACS y también con los datos que el mismo robot va almacenando de cada paciente que interactúa con él, con lo cual está capacitado para dar recomendaciones basadas en las preferencias de cada uno.[39]

Annunziata suma diferentes ejemplos de cómo la interacción entre máquinas y humanos mejorará nuestra vida. Cuenta, por caso, que hoy el 10 por ciento de las cancelaciones y retrasos en los vuelos se debe a procesos de mantenimiento imprevistos y que esto genera gastos a las aerolíneas por ocho mil millones de dólares anuales. Sumado, claro está, al impacto que produce en todos los que viajamos en aviones con regularidad.

Con Internet industrial se creó un sistema de mantenimiento preventivo que puede instalarse en todos los aviones y que va aprendiendo y predice fallas que un humano no podría detectar. Así, cuando un avión aterriza, dada la comunicación que la

39. "IBM pone a Watson a trabajar contra el cáncer asesorando pacientes". *ComputerWorld*. Abril de 2016. <www.computerworld.es/big-data>.

máquina envió durante el vuelo, los técnicos ya saben si hay algo que deben revisar.

Annunziata también cuenta que, según estudios realizados en el Centro Médico St. Luke de Houston (Estados Unidos), los enfermeros de ese hospital destinaban 21 minutos por turno en buscar al equipo médico. Gracias a Internet industrial, pacientes, enfermeros y equipo médico ahora están conectados y se redujo en casi una hora el tiempo de cambio de paciente por cama. Una hora a veces es mucho tiempo. Puede ser la diferencia entre la vida y la muerte. Y en términos económicos tampoco es algo para despreciar: "La reducción de un 1 por ciento de las actuales ineficiencias puede ayudar a ahorrar más de sesenta mil millones de dólares en la industria mundial de la salud", remarca.

Así estamos viviendo en una era en que hasta las máquinas y los seres humanos colaboran unas con otros.

7

Un mundo transparente

¿Alguna vez se les ocurrió pensar qué pasaría si Red Bull hubiera intentado posicionarse como un refresco y no una bebida energizante? ¿Se imaginan si Red Bull dijera que esta bebida puede acompañar cualquier comida? ¿O que cuando el calor del verano aprieta no hay nada más refrescante que un Red Bull? ¿Se imaginan una mamadera de Red Bull?

Da risa de solo pensarlo, porque Red Bull es una marca que nació en este nuevo mundo transparente, en el que las relaciones duraderas y productivas con las audiencias solo se establecen desde lo auténtico.

Desde el comienzo Red Bull tuvo que aceptar —de modo transparente— que su bebida era energizante. Y así se metió en el mercado. Su fundador y CEO, el austríaco Dietrich Mateschitz, amante de los deportes de riesgo, asoció desde el inicio a su marca con el peligro, la velocidad y la energía.

Red Bull nunca tuvo buenos resultados en las pruebas de sabor. A muchos no les gustaba. Y Mateschitz se subió a eso. "No es rica —dijo—. Pero eso es secundario. Red Bull no es solo una bebida. Es una filosofía, un producto funcional, pensado para fortalecer al deportista y mejorar su desempeño, para revitalizar el cuerpo y la mente".[40]

Las publicidades acompañaron el posicionamiento. En una de ellas, una cebra toma una lata de Red Bull, entra a un lago y la ataca un cocodrilo. De un remolino de agua finalmente sale la cebra y con una sonrisa muestra su cartera de piel de cocodrilo. O todas las variantes del eslogan "Red Bull te da alas": desde darle la bebida a la suegra que viene de visita para que salga volando y no moleste; o la viuda despechada que, al descubrir que su marido le había sido infiel en vida, toma Red Bull para poder salir volando y así ir a recriminarle al marido que descansa ya en paz sobre una nube.

Red Bull eligió desde el comienzo posicionarse auténticamente, de modo transparente. Es una bebida energizante y eso es lo que sale a decir. Sin nada que ocultar, sin opacidades que corran el riesgo de ser descubiertas.

Y siendo transparente y coherente con sus diferentes actores, según cifras oficiales de la compañía, en 2016 vendieron 6062 millones de latas en todo el mundo y la facturación de la empresa llegó, por primera vez, a los 6029 millones de euros.

La orca que sacudió a Wall Street

Así hoy la coherencia entre lo que pensamos, decimos y hacemos debe ser nuestra principal dirección estratégica. Antes lo que decíamos podía no ser escuchado o leído. Hoy eso es

---

40. McDonald, Duff. "Red Bull's Billionaire Maniac". *Bloomberg Businessweek*. Mayo de 2011. <www.bloomberg.com/businessweek>.

prácticamente imposible. Y si no se lee o se escucha en el momento, quedarán registros para cuando alguien decida buscarlo en Google o en algún otro lado. La exposición es 24 por 7, y si nosotros no nos presentamos como lo que somos, el mundo se encargará de desnudarnos.

La historia de Red Bull es la de una empresa que nació con el ADN del nuevo mundo, una organización que entiende que no hay dónde esconderse. No todas han tenido esa suerte. Algunas, productos del mundo anterior, se han visto en la difícil posición de sincerarse a regañadientes.

Tal es el caso de SeaWorld, el parque acuático con sede en Orlando que, además de ser un centro de entretenimiento, se vendía como un lugar que contribuía a la investigación científica y a la protección de los mamíferos marinos.

Algunas asociaciones ambientalistas hacían oír de vez en cuando alguna crítica ante la práctica de mantener animales salvajes en cautiverio, pero a nivel del público general SeaWorld era el Disney de los amantes de los animales.

Hasta que llegó *Blackfish*.

El multipremiado documental producido por la CNN y dirigido por Gabriela Cowperthwaite, se lanzó en 2013. Su protagonista era una de las mayores estrellas de SeaWorld, la orca macho Tilikum.[41]

Tilikum ofreció durante más de treinta años shows que maravillaban a los pequeños y deleitaban a los adultos. Era (murió en 2017) un simpático animal de casi seis toneladas de peso, archiconocido por llevar sobre su lustroso lomo negro con manchas

---

41. Cowperthwaite, Gabriela. *Blackfish*. CNN. 2013. <www.cnn.com/specials/us/cnn-films>.

blancas a los entrenadores del parque acuático, sirviéndoles de moto de agua, lanzándolos por los aires y besándolos (aparentemente) en la boca.

Sin embargo, Tilikum tenía también un lado oscuro: a lo largo de su carrera, había matado a tres personas.[42]

Cuando las noticias de estos incidentes, en los que murieron dos entrenadores y un hombre que se había metido subrepticiamente en la piscina de Tilikum para nadar con la orca, se anunciaban en la prensa, era común leer argumentos acerca de que los animales salvajes, aunque estén en cautiverio, siguen siendo salvajes y deben ser tratados con cuidado. Sin embargo, *Blackfish* analizó la historia de Tilikum desde su captura en Islandia en 1983 y presentó las muertes desde otra luz: la enorme frustración del animal después de décadas de vivir en cautiverio, nadando de manera interminable en círculos en piscinas ridículamente pequeñas para su tamaño y hostigado por otras orcas del parque.

Está claro que desde hace mucho tiempo se hacen documentales que denuncian el maltrato de animales o prácticas antiéticas de algunas organizaciones. Sin embargo, lo que destaca a *Blackfish* es que nació durante el auge de las redes sociales. Por eso la polémica que desató fue mayor que ninguna otra. Las redes sociales ardieron y el escándalo por las prácticas de SeaWorld con sus animales fue tal que no quedó un ser en la tierra que no se enterara.

42. Sánchez, Ray. "Killer Whale at Center of *Blackfish* dies". CNN. Enero de 2017. <www.edition.cnn.com>. Mooney, Mark. "SeaWorld's Trainer Killed by Whale Had Fractured Jaw and Dislocated Joints". ABC News. Marzo de 2010. <www.abcnews.go.com>.

La asistencia al parque comenzó a mermar hasta que SeaWorld tuvo que empezar a ofrecer las entradas a mitad de precio para atraer visitantes. Pero la ola no se detuvo allí. Al ver que el parque perdía audiencia, Wall Street comenzó a batir en retirada y las acciones de la empresa en el mercado de valores estadounidense cayeron a la mitad de su valor. La debacle provocó la renuncia del presidente ejecutivo de la empresa en diciembre de 2014.[43]

SeaWorld tuvo que resignarse a admitir lo obvio: ya no podría venderse como un santuario de animales marinos y explotarlos al mismo tiempo. En marzo de 2016, tres años después de que se estrenara el documental, anunció que abandonaría su programa de reproducción de orcas en cautiverio y dejaría de organizar espectáculos con estos animales.

La verdad, sin embargo, es que el futuro de SeaWorld aún no está asegurado. La empresa está trabajando en lo que llaman shows con elementos educativos, pero hasta que los puedan poner en funcionamiento —en 2019— nadie sabe cómo responderá el público.[44]

Algo parecido pasó con el circo Ringling Brothers, que tuvo que levantar campamento en mayo de 2017. Y eso no ocurrió después de 10 o 20 años de éxitos. Ni siquiera 50. ¡El circo tuvo que apagar sus luces después de 146 años de funciones! Y la causa del final tuvo que ver con que activistas que luchaban a favor de los derechos de los animales nucleados en

43. Stout, David. "SeaWorld's Chief Resigns After Blackfish Film Damages Firm's Reputation". *Time*. Diciembre de 2014. <www.time.com>.

44. Horowitz, Julia. "SeaWorld is Laying Off 350 Workers as Attendance Wanes". CNN. Octubre de 2017. <www.money.cnn.com>.

PETA (People for the Ethical Treatment of Animals) ejercieron una presión tal que el circo tuvo que dejar de usar elefantes en sus shows. Si bien los tigres, leones, caballos, camellos y perros seguían siendo parte de las funciones, la eliminación de los elefantes —símbolo del Ringling Brothers— hizo que el público decayera hasta dejar al circo sin más remedio que cerrar.[45]

Con publicaciones como *Las 12 cosas que Ringling no quiere que sepas* o infografías tituladas *La crueldad de Ringling al descubierto* —en las que aseguraban los malos tratos a los que sometían a los elefantes en el circo—, las denuncias de PETA no tardaron en diseminarse y amplificarse en este mundo cada vez más transparente,[46] y el circo no pudo hacer otra cosa que resignarse a su suerte.[47]

¿Pizzeros o ingenieros en computación?

El caso de SeaWorld nos muestra que no podemos esperar a estar contra las cuerdas para sincerarnos. Vivimos en la vidriera, en un *reality show* en el que la gente puede votar para que nos saquen. Una actitud proactiva en cuanto a la transparencia de nuestras acciones es esencial. Y si nos vemos en una crisis, el

---

45. "El circo Ringling Bros celebra su última actuación tras 146 años de espectáculo". *El Mundo*. Mayo de 2017. <www.elmundo.es/cultura>.

46. "Doce cosas que Ringling no quiere que sepas". PETA. 2015. <www.petalatino.com/blog>.

47. "La crueldad de Ringling al descubierto". PETA. 2015. <www.petalatino.com/features>.

sinceramiento tiene que ser inmediato y absoluto. Tenemos que desnudarnos hasta el tuétano. No nos queda otra. Debemos aprender a convivir y a mostrar lo que no nos enorgullece o nos da vergüenza. Esta es una nueva regla de vida.

Ese fue el caso de la cadena de pizzas estadounidense Domino's, que a partir de un escándalo reputacional adoptó una actitud transparente hasta las raíces y logró no solo superar la crisis, sino disparar las ventas de la empresa de una manera inédita.

Déjenme contarles la historia desde el comienzo, porque los norteamericanos no nacieron comiendo pizza para llevar frente al televisor. El concepto de comida para llevar surgió con mucha intensidad en los Estados Unidos en los años 50, después de la Segunda Guerra Mundial, cuando la televisión invadió los hogares. Para pasar una noche entretenida ya no era necesario ir a comer a un restaurante. Ahora el entretenimiento había llegado a la sala de todos los hogares y alcanzaba con solo encender un aparato. Así los restaurantes, que empezaron a ver que su negocio se evaporaba, decidieron comenzar a hacer comida para llevar. El negocio era redondo para los clientes: no solo no hacía falta dejar de ver televisión para ir a comer a un restaurante, sino que, comprando comida hecha, tampoco tenían que "perder tiempo" cocinando. Los primeros menús que hicieron los restaurantes se llamaron menús televisivos, cuenta Emelyn Rude, escritora e historiadora de la comida.[48]

Al principio la comida más buscada era la de origen chino. Pero pronto, de la mano de los soldados que en la Segunda

48. *A Slice of Disruption*. Dell Technologies. Trailblazers Podcast 03. 2017. <www.delltechnologies.com>.

Guerra Mundial habían pasado por Italia, la pizza se volvió muy popular. Y la otra revolución en cuanto a comida hecha ocurrió cuando alguien se dio cuenta de que era innecesario que quien deseara pizza tuviera que ir a buscarla al restaurante. La pizza podía llegar a todos los hogares. Había nacido el *delivery*. Y después del telefónico comenzó el auge de los pedidos por Internet.

Corte a 2009.

En la cocina de un restaurante en Conover, Carolina del Norte (Estados Unidos), dos empleados comienzan a hacer bromas de mal gusto con la comida mientras preparan los pedidos de los clientes. El hombre, de unos 30 años, toma una hebra de queso rallado y se la introduce en la nariz. La saca y la coloca en la comida que está preparando. Y las asquerosidades continúan mientras su compañera graba todo con la cámara de su celular. Más tarde sube el video a YouTube y, en menos de 24 horas, es visto más de un millón de veces. Y esto fue en 2009, cuando la plataforma tenía algo más de 120 millones de usuarios al mes solo en los Estados Unidos.[49] Imaginemos cómo sería la repercusión hoy, con 1500 millones de usuarios.[50]

Domino's Pizza, el restaurante en cuestión, es una de las grandes cadenas en Estados Unidos que se había desarrollado de la mano del auge de la comida para llevar. Pero para el momento en que sus empleados se pusieron a hacer asquerosidades en la cocina y subieron el video a Internet, el negocio ya no

49. Parr, Ben. "YouTube Has Now Over 120 Millions U.S. Viewers". *Mashable*. Agosto de 2009. <www.mashable.com>.

50. Matney, Lucas. "YouTube Has 1.5 Billion Logged-in Monthly Users Watching a Ton of Mobile Video". *TechCrunch*. Junio de 2017. <www.techcrunch.com>.

funcionaba bien. Aunque nunca es bueno tener una crisis, ese fue —quizás— el peor momento para Domino's.

Las autoridades de la cadena de restaurantes identificaron rápido a los dos empleados, los despidieron y salieron a dar explicaciones del modo más transparente que pudieron. La disculpa funcionó, pero las bromas acerca de lo que puede contener la pizza de Domino's quedaron para la posteridad, retratadas en memes y comentarios en las redes sociales.

Un año más tarde, en 2010, Domino's nombró a un nuevo CEO, Patrick Doyle, en un intento por revigorizar la compañía que lentamente estaba perdiendo participación de mercado. Doyle entendió que, para sacar la corporación a flote, necesitaba una idea audaz. Y optó por la transparencia.

Doyle decidió mostrar hasta en anuncios de televisión los *focus groups* que organizaba la empresa, donde la gente no estaba en plan de ponderarla. En esos avisos los consumidores decían, sin censura, qué pensaban de la pizza. El mismo Doyle aparecía en los anuncios aceptando las críticas y prometiendo que su organización intentaría hacerlo mejor.

Y luego el audaz CEO redobló la apuesta y decidió llevar la transparencia que había aplicado a sus comunicaciones al modelo mismo de negocios de Domino's.

Ya que el sabor no era lo que llevaba a la gente a comprar pizzas de Domino's y la empresa podía mejorar un poco la calidad, pero sabía que iba a seguir siendo una gran cadena de pizza industrial, Doyle decidió admitir lo obvio: no podían hacer una pizza que hiciera soñar con Nápoles, pero sí eran capaces de enviar una pizza de tolerable calidad de un modo rápido y que la experiencia del cliente fuera lo más satisfactoria y conveniente posible.

Así Domino's Pizza salió a decirle a todo aquel que quisiera escucharlo que no era una compañía de pizzas, sino una empresa tecnológica (400 de los 800 empleados de la casa central trabajaban en sistemas), cuyo nicho era aplicar todos los avances tecnológicos para mejorar y hacer más eficiente la distribución de pizzas.

De este modo, muy pronto —y mucho antes que sus competidores— lanzaron la aplicación para ordenar pizza desde un teléfono celular. Al comienzo había que tipear un mensaje de texto para pedir una pizza. Hoy alcanza con enviar un emoji de pizza de pepperoni para que después de 30 minutos aparezca una en la puerta de casa. Y también se puede hacer el pedido a través de un mensaje en Facebook. Así Domino's Pizza logró cambiar la experiencia del cliente. Y siguen experimentando. En Nueva Zelanda, por caso, están probando hacer el *delivery* con robots o con drones.

Fue así como una crisis abordada con sinceridad y transparencia resultó en el puntapié inicial de un giro de 180 grados en el modelo de negocio. Mejorar la calidad de la pizza ayudó, claro, pero sincerar el modelo de negocios fue la clave. En 2010, cuando Doyle asumió como CEO, cada acción de la compañía cotizaba a 8,76 dólares. Seis años más tarde, Domino's era la segunda cadena de pizzas más grande del mundo, con más de 12.500 locales en más de 80 países y cada acción se acercaba a los 160 dólares. Un aumento de más del 1700 por ciento.

Conócete a ti mismo

La autenticidad, sin embargo, implica necesariamente un nivel de introspección muy alto: tenemos que saber quiénes somos en realidad y qué es lo que estamos vendiendo para poder ser auténticos.

El ejemplo de Domino's muestra que a veces hace falta caer en una crisis para tocar fondo y cuestionar nuestra identidad. Pero ninguna empresa debería esperar hasta ese punto. Existen procesos asistidos que nos pueden ayudar a llegar al corazón de quienes somos y, por lo tanto, a nuestro Propósito Compartido.

De eso hablaremos más adelante, pero aquí quiero enfatizar que tener claro lo que uno hace es un requisito para poder ser transparente y sobre todo ayuda a vincularse con los demás de una manera más sólida.

Hace cincuenta años, el ocultar quizás podía hacer que a alguien le fuera mejor. Hoy ya no. Si no se dice todo, es peor. No hay escondites. ¿Es algo voluntario? No. ¿Elegimos ser transparentes? No. Es una obligación.

Miren si no lo que le pasó a Audi.

Imaginen esta escena: un padre mira cómo se prepara su pequeña hija para correr una carrera de autos de niños en la que todos los demás competidores son varones.

Los autitos parecen esos viejos coches en los que corría el célebre Juan Manuel Fangio en los años 50. Es más, todo el ambiente recuerda esos tiempos en los que la Fórmula 1 era un deporte precario, practicado en caminos polvorosos y por aventureros que desafiaban la muerte en cada recodo del camino. Una escena muy *vintage*.

Estos niños se preparan para lo mismo. Tienen caras sucias y miradas traviesas. La niñita no es la excepción. No imaginen a un angelito con vestido de flores y moño rosado en el pelo color oro. No, esta niñita es una corredora más, sucia y con cara de mucha determinación.

Los niños se suben a los carritos y entonces se escucha una voz masculina en *off*: "¿Qué le digo a mi hija?", se pregunta la voz.

La nena, despeinada bajo su casquito color cobre, se concentra en la largada.

"¿Le digo que su abuelo vale más que su abuela?", sigue la voz en *off*.

La carrera ya se largó. La nena conduce, veloz. Pasa a un auto. Le saca ventaja. Lo deja atrás.

"¿Que su papa vale más que su mamá?", continúa diciendo el padre.

La nena derrapa en un charco. Retoma el control.

"¿Le digo que, a pesar de su educación, su empeño, sus capacidades y su inteligencia automáticamente se la valorará menos que a cualquier hombre que vaya a conocer en la vida?".

Los niños le juegan sucio. La encierran. La nena no afloja. Pone el freno de mano y deja que sus competidores choquen entre sí. Con una pericia digna del mejor corredor, los evita y sigue adelante. La nena, cabeza a cabeza con otro auto, pone todo para ganar.

"O quizás pueda decirle algo distinto", se entusiasma la voz en *off*.

La nena gana. El padre festeja; su hija, también. Los dos caminan juntos hacia el Audi del padre. Sobre pantalla negra se lee: "Audi de América se compromete a igual paga por igual trabajo. El progreso es para todos".

Este es el guion del comercial de televisión que Audi preparó para el Super Bowl (la mayor fiesta deportiva estadounidense y la vidriera para que las agencias de publicidad se luzcan con sus comerciales más creativos) del 5 de febrero de 2017. Es inspirador, ¿no? Millones de personas lo vieron un día antes, por Internet, donde la empresa lo puso para crear expectativa. Sin embargo, la reacción no fue la que la compañía esperaba.

Una lluvia de "no me gusta" cayó en las horas siguientes a la difusión por YouTube del comercial. Finalmente, en Facebook, alguien explicó la razón: "¿Por qué no predican con el ejemplo? De sus 14 ejecutivos en Estados Unidos, solo 2 son mujeres".

¿Está claro ahora que estamos todos expuestos en una vidriera? Un gran fabricante de autos global que gastó millones de dólares en una superproducción publicitaria no pudo contra un tipo con una cuenta de Facebook que en cuestión de horas develó información que uno pensaría que solo tenía la compañía.

Si Audi hubiera sabido quién es realmente —una empresa que se destaca por la calidad de sus automóviles—, no se hubiera dejado arrastrar a hacer un comercial sobre las oportunidades que deberían tener las mujeres en el mercado laboral, quizás intentando ser políticamente correctos.

"La transparencia se convirtió en un *must*. En el mundo actual es muy improbable que no te descubran si decís algo puertas afuera y actuás distinto puertas adentro", dice Matías Asencio, director de estrategia de la agencia de publicidad Madre Buenos Aires, y menciona a *The Naked Brand* (la marca desnuda), un documental producido por la agencia de publicidad Questus, en el que se intenta educar a las marcas en la cultura de la transparencia.

"Allí cuentan un ejemplo de un sitio en el que el botón de comprar está al lado de las estrellitas de calificaciones y comentarios de los usuarios; no se puede escapar de eso. Hasta hace un tiempo, Apple no había ingresado en las redes sociales y tenía los comentarios de su canal de YouTube cerrados. Pero tuvieron que empezar a abrirlos porque es parte del juego. Es inevitable", agrega.

Sin maquillaje

Esta tendencia hacia lo auténtico trasciende incluso los círculos de negocios y está permeando a la sociedad toda.

En el terreno de la televisión, por ejemplo, estábamos acostumbrados a que se nos mostrara a gente linda, joven, sexy y exitosa. Pero cada vez más se está dejando espacio para la "gente común".

Hagan la prueba, la próxima vez que enciendan el televisor (o se dispongan a ver un video por YouTube) presten atención a las caras y los cuerpos de los actores de las publicidades. Se parecen más a la vecina de al lado que a Angelina Jolie y esto es porque se asemejan a cada uno de nosotros, conectan mejor con la gente.

No solo eso, los "feos", los "raros" y los "diferentes" también están logrando más espacio. Los precursores fueron, como muchas otras veces, los británicos. A fines de los años 60, comenzaron a aparecer en Gran Bretaña agencias que nucleaban a modelos que no hubieran sido catalogados nunca como modelos. Hoy Ugly People y Ordinary People son agencias exitosas que tienen en sus catálogos modelos que distan de los cuerpos y los rostros antes considerados perfectos. En la Argentina, la agencia Freak Models, creada en 1999, va en la misma línea y asegura que buscan "trascender los convencionalismos estéticos, desarrollando y valorando una visión particular de la belleza sin límites de edades o razas. La originalidad en la belleza, en distintas intensidades y formas".

Todo se está volviendo más "real". Pasa también con los códigos de vestimenta. A mediados del siglo XX, los hombres se ponían traje los domingos para ir a la iglesia o para asistir a un partido de fútbol. ¿Nos suena ridículo? Eso ocurría hace menos de cien años. Hoy muchos —sobre todo los más jóvenes— se animan a ir a trabajar con pantalones de gimnasia en invierno y bermudas en verano. Y eso no asombra. A casi nadie le llama la atención.

Después de todo, ¿por qué si en casa nos vestimos cómodos y sin maquillaje tenemos que disfrazar quiénes somos realmente para salir a la calle? Esto es parte de la tendencia hacia la transparencia, que hace que se pierda la distinción entre lo público y lo privado.

De la opacidad al blanqueo

Así es también como los que antes tenían poder, y podían ocultarse detrás de sofisticadas estructuras legales, testaferros, representantes y secretarias, hoy se ven amenazados. Antes con poder y dinero se podían lograr muchas cosas, incluso esconder lo que uno realmente era. Eso, sin embargo, se terminó.

Gracias a que la tecnología ha democratizado el acceso a la información, la expectativa del público en general es la de saber todo acerca del otro. La gente quiere y puede saber, y los que tienen poder y dinero ya no son más intocables. Ahora es casi al revés: cuanto más poder y más dinero, la sospecha es mayor. Lo mejor es no tener nada que esconder porque, démoslo por seguro, va a ser descubierto.

En cuestiones de dinero, de hecho, la opacidad, antes aceptada como el privilegio de los ricos y poderosos, hoy es condenada. Antes, el hecho de que el sistema bancario suizo se manejara exclusivamente con números de cuentas y omitiera nombres era algo que se aceptaba como una necesidad para mantener la privacidad del titular de la cuenta. Hoy se considera una inmoralidad.

El secreto bancario está en jaque. Tras un acuerdo de intercambio automático de información realizado por los miembros de la Organización para la Cooperación y el Desarrollo Económico, a partir del primer día hábil de 2017, Suiza tuvo que empezar a reunir los datos bancarios de sus clientes extranjeros. A partir de 2018, ya no hará falta solicitar datos específicos sobre alguna persona involucrada o sospechada de un delito. Suiza deberá entregar esa información automáticamente una vez por año. Una información que no va a ser poca, si se tiene en cuenta que gestiona fortunas por más de seis mil millones de euros.

Otra muestra de esta tendencia es el escándalo global que se desató con la filtración de los Panama Papers. De un día para otro, personalidades de muchos países a lo largo y ancho del mundo se vieron afectadas por la revelación de que tenían compañías en paraísos fiscales. Desde el primer ministro de Islandia, Sigmundur David Gunnlaugsson, hasta los presidentes de la Argentina, Mauricio Macri, y de Ucrania, Petro Poroshenko, pasando por un cuñado del presidente Xi Jinping y la hija del ex primer ministro Li Peng, fueron algunas de las figuras que se vieron salpicadas por este escándalo.

Las sociedades *offshore* no son nuevas, pero nunca fueron tan peligrosas. Lo que ofende de ellas no es su ilegalidad (de hecho, en muchos casos no lo son), sino su opacidad. Lo que tiene secreto de sumario es sospechoso. Nos preguntamos, ¿qué trapitos sucios tienen los que quieren mantenerse en las sombras? ¿Qué esconde el que quiere ser anónimo? La falta de transparencia es vista como una prueba de ilegalidad, o por lo menos de falta de ética.

Por eso cada vez son más los que deciden levantar la mano antes de que los investigadores golpeen a sus puertas.

En la segunda mitad de 2016, comenzó en la Argentina un blanqueo de capitales. Por primera vez convocó —además de a los mismos de siempre— a los simples mortales. Desde la médica que tenía menos de veinte mil dólares de ahorro, hasta el empresario que, solo del impuesto especial, tenía que pagar más de cincuenta mil.

La Argentina escaló, después de ese sinceramiento, al primer puesto del ranking mundial de blanqueo de capitales con unos ciento diez mil millones de dólares sincerados, según información del estudio Litvin, Lisicki & Asociados. El segundo lugar de este ranking lo ocupa Italia, con ciento dos mil millones de dólares sincerados en 2009; y tercero, Brasil, con menos de la mitad: cincuenta y tres mil millones de dólares.

Y si se compara con otros sinceramientos de la historia argentina, también este último fue superior: según datos de la autoridad impositiva del país, la AFIP, resultó entre 21 y 42,3 veces mayor que los blanqueos realizados en 2009, 2013 y 2015.

La gran mayoría decidió sincerar sus bienes. ¿Se volvieron repentinamente buenos? No, claro que no. Antes se adherían a los blanqueos solo los que ya habían sido descubiertos y querían ahorrarse algún porcentaje en el pago del impuesto. Hoy no hay opción. Porque los hasta ahora llamados "paraísos fiscales" parece que no lo van a ser más: abrirán y compartirán su información con el resto de los países.

El movimiento es global. Actualmente, ciento treinta y siete países y jurisdicciones forman parte del Foro Global sobre la Transparencia y el Intercambio de Información con Fines Fiscales y comparten información para luchar contra la evasión fiscal internacional.

Dime qué filtro te pones
y te diré cuán malo eres

Además de evitar problemas con las autoridades financieras de los distintos países, la apuesta de los que blanquean es a quitarle municiones a quienes puedan querer atacarlos. Porque ahora ese otro, que nos contempla expuestos en la vidriera, además contesta, opina y critica.

Estamos en un momento bisagra, en una etapa de transición. Hoy somos castigados por seguir las reglas anteriores. Quizás suene injusto, pero es así. Las reglas cambiaron y por eso nos sentimos incómodos. Todos: corporaciones, ONG, personas. No queda otra que partir de la autenticidad.

De hecho, al contrario de lo que podíamos pensar, el mostrarnos transparentes no nos hace más vulnerables, nos blinda. Veníamos de un mundo en el que creábamos imágenes que podían ser sólidas solo a raíz de su imposición. Pero hoy lo que sale sin filtro es lo que al final del día la gente quiere ver. Ya sea un producto, un ejecutivo, un empleado o un servicio, la autenticidad es la condición básica para transitar por esta vida.

Y un mundo más auténtico es al final un lugar mejor para todos. Salvo para aquellos que no puedan o no quieran ser buenos vecinos.

Santiago Bilinkis lo dice así: "A mí me gusta un mundo transparente porque en el fondo suelo ser mucho más víctima de las malas prácticas ajenas que de aprovecharme de los vericuetos del sistema para sacar provecho yo. Entonces, un mundo donde todos hacen buena letra porque hacer mala letra tiene consecuencias es un mundo que me gusta más".

La transparencia es una exigencia, sí. Pero hay que tener cuidado. Si lo que somos no aporta nada o daña a los demás, seremos penalizados. De eso vamos a hablar ahora.

8

O nos salvamos todos
o no nos salva nadie

Amanece un día de invierno en los suburbios de Nueva York. Después de lidiar con un cliente que acaba de atropellar a un peatón en mitad de la noche con su Jaguar, Michael Clayton abandona el estudio de abogados donde trabaja y regresa en su auto a la ciudad. Sin embargo, algo lo hace detenerse en mitad del camino. Está melancólico. Tres caballos descansan sobre una colina a unos metros de la ruta. Se baja de su auto y camina hacia ellos. Qué bella y bucólica imagen, piensa, seguramente. Se acerca con lentitud, no quiere que los animales se asusten. Llega a su lado, los mira en silencio y de pronto… una explosión ensordecedora asusta a Clayton y a los caballos que, relinchando, salen corriendo. Clayton se da vuelta y descubre que la explosión provino de su auto. Alguien intentó matarlo y, gracias a esos caballos que llamaron su atención, esas cosas que solo pasan en el cine, acaba de salvar su vida.

Allí comienza, en la película *Michael Clayton*, un largo *flashback* que nos permitirá entender por qué ese hombre llegó hasta ese lugar. Se trata de un empleado de uno de los más famosos estudios de abogados de Nueva York que, entre otros casos, defiende a una empresa multinacional de agroquímicos que comercializó un producto que intoxicó a cientos de granjeros. Un compañero suyo, a cargo de la defensa, se ha descompensado mentalmente y ahora quiere contar toda la verdad y hundir a su cliente. Michael Clayton, encarnado por el famoso George Clooney, es el encargado de convencerlo para que siga representando a la empresa o, por lo menos, acepte no incriminarla. No obstante, el abogado díscolo no afloja y, cuando está al borde de hundirla, simulan su suicidio. Esto indigna y enfurece a Clayton, que empieza a investigar por su cuenta. El final, por supuesto, es feliz: la empresa que ha envenenado el medioambiente y a la gente que lo habitaba recibe su merecido castigo.

Esta película de 2007 cuenta la historia de un héroe luchando en soledad, poniendo su vida en riesgo para sacar a la luz los delitos perpetrados por una gran organización. Y no es la única. El mismo tema es tratado, de manera similar, en varias otras: *Erin Brockovich*, *El informe Pelícano* y *El informante* son solo algunas.

¿Por qué esta obsesión de Hollywood con el justiciero corporativo solitario que se juega la vida? Porque hasta hace poco ese era el mayor riesgo que corría una empresa que no desarrollaba su negocio con conciencia social. La mayor exposición era que un loco, un empleado con una moralidad superior o alguien de adentro con poco para perder se "desviara de la senda" y decidiera contar lo que sabía. Que apareciera un Edward Snowden corporativo, el muchachito veinteañero que filtró cientos de archivos del Servicio de Inteligencia estadounidense, la NSA.

Eran excepciones. Era lo extraordinario. E invariablemente arriesgaban la vida. Por eso se convertían en personajes dignos de una película. Hoy los Snowden están por todos lados. La transparencia y la hiperconexión en la que vivimos hacen que las posibilidades de quedar expuestos se multipliquen. Ya no alcanza con cuidarse del que se enoja o tiene una moralidad "mejor" que sus compañeros. Hoy el mundo se llenó de locos dispuestos a contar lo que saben y descubren. Todos estamos expuestos. Y todos reclamamos empresas e individuos que se preocupen por su comunidad y su entorno. La conciencia social ya no es optativa. Nuestros empleados, inversores y clientes esperan de nosotros mucho más que productos y servicios.

Este papel de héroe era interpretado, además de por esos héroes solitarios que merecían películas de Hollywood, por las ONG, que ahora —en este nuevo mundo— siguen cumpliendo con ese rol, pero que —gracias a los medios sociales— consiguen que sus denuncias tengan eco en cada rincón del planeta.

Por caso, vean qué le pasó a Nestlé con sus chocolates Kit Kat en 2010. En marzo de ese año, la organización ecologista Greenpeace denunció que el aceite de palma que utilizaba Nestlé para fabricar sus chocolates Kit Kat era provisto por una empresa que estaba ocasionando la deforestación de los bosques de Indonesia, ya que —para expandir las plantaciones de palma aceitera— desalojaban a las comunidades locales y destruían el hábitat del orangután y de otras especies en peligro de extinción.

En sintonía con los tiempos que corren, Greenpeace lanzó su denuncia a través de un video en YouTube. Los consumidores se hicieron eco. De repente, no era suficiente poder comer, de vez en cuando, un riquísimo chocolate sin importar cómo este había llegado a la góndola del supermercado. Despertados por las denuncias de Greenpeace, los consumidores, alcanzados a través de miles de interacciones por los medios sociales, empezaron a exigir que, además de darles placer, esa golosina no estuviera dañando el mundo en el que viven.

La primera reacción de la empresa fue tapar el sol con las manos. Obligaron a que el video se retirara de la red social. "El intento de Nestlé de silenciar a Greenpeace ha tenido un efecto búmeran. Ahora cientos de miles de cibernautas han visto o van a ver el video interesados en la denuncia de Greenpeace", aseguraba Miguel Ángel Soto, responsable de la campaña de Bosques y Clima de Greenpeace España, en un comunicado oficial de 2010.[51]

Pero la empresa siguió en su tesitura. Ante la horda de comentarios negativos que empezaron a proliferar en todas las redes sociales, incluida la página oficial de Facebook de Nestlé, la empresa suiza borró los comentarios desfavorables y censuró a sus fans prohibiendo que usaran la imagen de la marca modificada donde, en lugar de Kit Kat, se leía Killer.

Dos meses después la compañía se dio cuenta de que ir contra la corriente no iba a ser una solución a largo plazo. Abatida por una batalla en la que cada vez parecían aparecer más cabezas de una hidra imposible de combatir, a Nestlé no le quedó otra que anunciar que dejaría de utilizar aceite de palma proveniente de la deforestación de bosques tropicales de Indonesia. Así, obligada, Nestlé tomó nota de que el mundo había cambiado y Greenpeace terminó felicitándola por su decisión.[52]

---

51. Greenpeace. Noviembre de 2010. <www.greenpeace.org>.

52. *Ibid.*

Unos años después, en 2015, otra ONG puso en jaque a la automotriz Volkswagen y ocasionó una de las peores crisis de su historia.

La Agencia de Protección Ambiental de los Estados Unidos (EPA) denunció que la compañía había instalado en casi quinientos mil vehículos un programa que hacía aparentar que la emisión de gases contaminantes era menor que la real y poder pasar los controles sin problemas y obtener un certificado de conducción ecológica.

¿Cómo se descubrió el fraude? Por casualidad... y porque en el mundo actual la información está al alcance de casi todos. La hiperconexión es tal que a casi cualquiera le resulta sencillo conseguir lo que necesita para una investigación. Así, el ecologista Peter Mock —director de la ONG ambientalista International Council on Clean Transportation (ICCT)— comenzó a investigar si los controles de gases contaminantes en Europa eran menos exigentes que en los Estados Unidos. Para eso Mock decidió colocar en el baúl de diferentes autos un dispositivo portátil fabricado en la Universidad de West Virginia para controlar las emisiones de gases contaminantes.

Pero el experimento quedó por la mitad. La comparación entre la exigencia de los controles en Estados Unidos y Europa quedaría para el futuro. Cuando midieron los gases tóxicos que emitieron un Volkswagen Jetta, modelo 2012, y un Passat, de 2014, en un viaje de más de dos mil kilómetros entre San Diego y Seattle, se dieron cuenta de que las emisiones eran diferentes en las rutas reales que las que supuestamente emanaban en las pruebas de laboratorio y que sobrepasaban los límites permitidos: el Jetta superaba 35 veces la emisión de óxidos de nitrógeno legal y el Passat las multiplicaba por 20. Mock trabajó junto a su colega, John German, líder en Estados Unidos de ICCT, la organización sin fines de lucro dedicada a ayudar a reducir las emisiones tóxicas de los vehículos.

Los resultados prendieron la luz de alerta de la autoridad ambiental de California, que comenzó a investigar. De allí hasta llegar a la EPA solo faltaba un paso. Frente al escándalo, la automotriz se vio obligada a admitir que habían instalado un software ilegal en vehículos de todo el mundo para pasar las pruebas de contaminación y tuvo que afrontar pérdidas y compensaciones millonarias. Y todo fue para ahorrarse algo en los costos de producción, ya que —para pasar los controles sin engañar a nadie— cada auto diésel necesita dos filtros. Los de Volkswagen les pusieron uno y decidieron alterar las mediciones.

Apenas estalló el escándalo, las acciones de la compañía se derrumbaron en la Bolsa de Frankfurt. En un día bajaron más de 17 por ciento, lo que implicó una pérdida de casi treinta mil millones de dólares en tres días. A esto se sumó que la empresa tuvo que comprometerse también a otorgarle a un fondo de la EPA dos mil setecientos millones de dólares para compensar el impacto ambiental y a invertir dos mil millones de dólares en nuevos proyectos de vehículos limpios en su interacción con el medioambiente.[53] Pocas veces como en este caso de Volkswagen resultó más aplicable aquel dicho de la abuela que aseguraba que "lo barato sale caro".[54]

---

53. Carretero, Rodrigo. "Siete respuestas sobre el escándalo en Volkswagen". *El Huffington Post*. Septiembre de 2015. <www.huffingtonpost.es>.

54. "Así se descubrió el engaño que tiene a Volkswagen en la peor crisis de su historia". BBC Mundo. Septiembre de 2015. <www.bbc.com>.

Una vez más para la automotriz alemana hubiera sido negocio tener conciencia social, porque en los tiempos que corren, ya no hacen falta Michael Claytons o, mejor dicho, los Michael Claytons se multiplicaron y hoy las denuncias de justicieros solitarios u ONG son tomadas y propagadas por millones de personas en las redes sociales, que además cuentan con más herramientas que nunca para conseguir información.

El egoísmo ya no es negocio

En este contexto de demanda de conciencia social por parte de los distintos accionistas y profundo escrutinio, son varias las empresas que se han dado cuenta de que ya no pueden manejarse como lo hacían hasta hace apenas algunos años.

El concepto de "negocio sustentable" nació en 1987, con la publicación de *Nuestro futuro común*, un reporte realizado por la Comisión de Medioambiente y Desarrollo de las Naciones Unidas. El documento imaginaba un futuro donde la prosperidad económica no se consiguiera a expensas de las generaciones futuras y dejaba claro que los temas económicos y ambientales debían satisfacerse al unísono, pero no daba ninguna idea acerca de cómo algo así podía implementarse.

Hoy hay mucho más conocimiento de cómo llevar esto a cabo. Sabemos, por ejemplo, que no basta con confiar solo en los gobiernos para cuidar cuestiones como el cambio climático, la escasez de agua, la depredación de recursos naturales y los derechos de los trabajadores. En la actualidad, lo que hagan las empresas y cada uno de nosotros, actores empoderados, resulta fundamental. Las acciones proactivas del sector privado y de los individuos son fundamentales para generar un futuro sostenible.

No por casualidad apareció el movimiento *sustainable business* que se opone a la visión cortoplacista que privilegia, por encima de todo, estrategias que hagan subir el precio de las acciones en el mercado para maximizar las ganancias de los accionistas y que ha llevado a muchas empresas a la quiebra.

Este movimiento, que ya es tan generalizado que el *Harvard Business Review* le ha dedicado varios artículos,[55] propone que el mundo está cambiando y que las organizaciones tienen que mirar su negocio mucho más allá de las ganancias de corto plazo. Asegura además que no es posible crecer exponencialmente para siempre, por lo que la forma más responsable de hacer negocios es ser sostenible desde el punto de vista económico y financiero (generar el dinero suficiente como para seguir siendo negocio).

Esto implica manejar los negocios no para generar ganancias inmediatas, sino para generar ingresos que le permitan a la empresa continuar empleando a personas, brindar el servicio que se ofrece a un precio justo y hacer que nuestro planeta no solo deje de empeorar, sino mejore.

El movimiento de *sustainable business* entiende que la responsabilidad social empresaria (RSE) que exige el entorno actual es además la única forma de hacer negocios en el nuevo mundo.

55. Winston, Andrew. "10 Sustainable Business Stories That Shaped 2015". Diciembre de 2015. "Sustainable Business Will Move Ahead With or Without Trump's Support". Noviembre de 2016. "9 Sustainable Business Stories That Shaped 2016". Diciembre de 2016. *Harvard Business Review*. <www.hbr.org>.

RSE, mucho más que conciencias limpias

Frente a esta realidad son muchas las compañías que deciden implementar iniciativas de RSE. Sin embargo, esto es como ir a la playa donde se hace surf y meter apenitas los dedos en el agua para probar la temperatura. Quiero dejar esto bien claro. La mayoría de los programas de RSE tal como se conocen actualmente en el mercado son bastante poco efectivos, porque están pensados apenas para lavarle la cara a la organización. Y eso se nota. Hoy hay otras maneras de participar en el entorno de manera más eficaz.

Pero primero entendamos de qué se habla exactamente cuando se habla de RSE. Hay tres escenarios en los que los proyectos de RSE pueden enmarcarse.[56]

El primero tiene el foco puesto en la filantropía. Estas iniciativas no generan ganancias ni ayudan a mejorar el negocio de la compañía. Son donaciones en dinero o equipamiento para organizaciones civiles, financiamiento para trabajo voluntario o algún tipo de compromiso con las iniciativas de las comunidades en las que actúan.

El segundo escenario funciona dentro del modelo de negocio y sirve para generar beneficios sociales o ambientales de un modo que ayude a las operaciones de la compañía (por ejemplo, mejorando su eficiencia o efectividad). Estos deberían disminuir los costos, aumentar las ganancias o las dos cosas al mismo tiempo. Algunas de estas iniciativas podrían concentrarse, por ejemplo, en reducir emisiones tóxicas, disminuir la generación de

56. Rangan, Kasturi; Chase, Lisa; Sohel, Karim. "The Truth About CSR". Harvard Business School. Enero-febrero de 2015. <www.hbs.edu>.

basura o mejorar las condiciones laborales de sus empleados, mediante los cuidados de salud o educación, lo que haría aumentar la productividad, generar retención de talentos y, por ende, mejorar la reputación de la empresa.

El tercer escenario tiene que ver con transformar el modelo de negocio, creando formas nuevas que sumen desafíos sociales o ambientales y que busquen resultados en estos campos.

Si bien cada iniciativa de RSE puede estar predominantemente en uno de estos escenarios, las fronteras son porosas y el mismo proyecto puede pertenecer a más de una de estas categorías. Pero todas las acciones de RSE coinciden en un punto: tienen que estar alineadas con el propósito comercial de la compañía, con los valores de los accionistas más importantes y con las necesidades de la comunidad en la que la empresa opera.

Frente a organizaciones como estas, preocupadas no solo por sus ganancias, las corporaciones tradicionales, aquellas que solo se enfocan en generar valor para los accionistas y a las que no les importa nada más, tienen poca sobrevida en un mundo donde la conciencia social ha dejado de ser algo optativo.

Empresas B

Hay un tipo de empresa que sí tiene la RSE en el centro y origen de todo lo que hace. Son las llamadas Empresas B, de las que Patagonia, la compañía de indumentaria deportiva, es un gran ejemplo.

Yvon Chouinard empezó a escalar en 1953, cuando tenía 14 años. Desde muy chico aprendió a amar la naturaleza. Por eso su idea principal era cuidarla, para poder seguir disfrutándola.

Las clavijas que había disponibles hasta ese momento eran de hierro y, cuando se clavaban en la roca para poder escalar, allí quedaban. A Chouinard esto le pareció un atentado contra la naturaleza y con un colega suizo decidió empezar a fabricar clavijas que fueran reutilizables y que de esa manera dejaran menos marca en el medioambiente. Al principio, Chouinard podía forjar dos clavijas por hora y venderlas a 1,50 dólar cada una. Así fue construyendo un pequeño negocio en el patio trasero de la casa de sus padres, en Burbank, California. Como la mayoría de sus herramientas eran portátiles, podía subirse al auto y viajar por todo el estado, desde Big Sur hasta San Diego, para surfear, otra de sus pasiones, y al mismo tiempo sobrevivir vendiendo engranajes desde el baúl de su auto. Pero las ganancias no eran gran cosa: en ocasiones ganaba entre 50 centavos y un dólar al día. Su principal preocupación era entonces poder disfrutar de lo que le apasionaba y al mismo tiempo desarrollar alguna actividad que le permitiera sobrevivir. Nunca fue hacer negocios lo que lo desveló.

Pero aun sin ser esa su preocupación, de a poco el negocio fue creciendo. Había mucha demanda de clavijas que cuidaban el medioambiente y llegó un momento en el que Chouinard ya no podía seguir haciéndolas solo con sus manos; necesitaba comprar herramientas y maquinaria. En 1965, se asoció con Tom Frost, un ingeniero aeronáutico y escalador que tenía una gran sensibilidad por el diseño y la estética. Cada año rediseñaban y mejoraban sus productos para hacerlos más fuertes, livianos, simples y funcionales. Volvían de cada viaje que hacían a las montañas con ideas nuevas. Siempre enfocados en cuidar el medioambiente, el lugar donde desarrollaban sus pasiones.

Para 1970, Chouinard Equipment se había convertido en el proveedor más grande de los Estados Unidos en lo que a equipamiento para escaladores se refería. Pero el escalador devenido en empresario todavía no estaba del todo conforme con cómo sus productos trataban al medioambiente: los engranajes aún dañaban las rocas. Después de un viaje que hizo con Frost por la ruta The Nose, en la formación rocosa El Capitán, del Parque Nacional de Yosemite en California, encontró una alternativa: el aluminio. Y lo introdujo por primera vez en el catálogo en 1972.

Mientras su negocio avanzaba, Chouinard seguía practicando deportes y alimentándose de la naturaleza para generar ideas. En uno de sus viajes a Escocia se compró una remera de rugby para escalar. Era azul con dos franjas: una roja y otra amarilla. Para entonces era raro que la ropa para hacer deportes tuviera colores o algo de diseño en su hechura. Cuando Chouinard volvió a los Estados Unidos, cada vez que se ponía la remera de rayas, sus amigos le preguntaban dónde podían conseguir una igual. Chouinard vio la veta y pronto comenzó a hacer pedidos de remeras a Umbro, la compañía inglesa, para poder revenderlas. Pero no lograba mantenerlas en stock. Ampliaron sus pedidos hacia Nueva Zelanda y la Argentina. Empezaron entonces a comercializar ropa, como un negocio marginal: en 1972, vendían impermeables y una suerte de bolsas de dormir de Escocia, guantes y mitones de Austria y sombreros del estado de Boulder. Comenzaron a vender tanta ropa que se dieron cuenta de que tenían que bautizar la marca. Primero pensaron en ponerle simplemente Chouinard. Pero, por un lado, temieron desdibujar la imagen de la empresa proveedora de equipamiento para escalar y, por el otro, no querían que la indumentaria que vendían estuviera asociada solo con el alpinismo. Se les ocurrió entonces el nombre Patagonia, porque, según la empresa, "lleva a la mente hacia visiones románticas de glaciares bajando hacia los fiordos, picos aserrados barridos por el viento, gauchos y cóndores (...) y podía ser pronunciado en cualquier idioma".

Con la nueva empresa siguieron preocupados por el medioambiente. Por eso organizaban iniciativas para intentar mejorar una realidad que era cada vez más desalentadora. Realizaban tanto acciones directas para mejoras puntuales como programas educativos sobre temas ambientales. Y, por ejemplo, ya desde mediados de los años 80, cuando eran pocos los que hablaban de ecología, usaban papel reciclado para sus catálogos y se preocupaban por reducir el uso de la energía.

También fueron probando diferentes materiales para fabricar sus ropas e investigaron el impacto ambiental que ocasionaban la lana, el nylon, el poliéster y el algodón, los que más utilizaban. De este modo descubrieron que el algodón industrial era el más nocivo: el 10 por ciento de todos los agroquímicos que se utilizaban en Estados Unidos era para producir algodón. Así fue como, en 1994, decidieron que —para sus prendas de algodón— comenzarían a utilizar algodón orgánico y que sería el ciento por ciento de la materia prima de su indumentaria dos años después.

Pero no solo se ocuparon de los procesos productivos de las prendas que vendían. Ya desde 1984, empezaron a innovar en el clima que querían que se viviera dentro de la compañía: espacios de trabajo abiertos, una cafetería que vendía platos saludables y vegetarianos y una guardería ayudaron a que el clima en la empresa fuera más familiar que corporativo. A esto le sumaron el permiso para que sus empleados, siempre y cuando cumplieran con su trabajo, pudieran ir a esquiar o surfear.

En 1990, como causa de una recesión y del retiro del principal inversor de la organización, Chouinard tuvo que cerrar oficinas, negocios y despedir a un 20 por ciento de sus empleados. Después de eso, él y doce ejecutivos hicieron un viaje juntos a las montañas de la Patagonia. Chouinard le preguntó a su equipo: "¿Para qué hacemos negocios?". Con esa vuelta a sus orígenes, al propósito primario de la empresa, decidieron que harían ropa de calidad, duradera y que requiriera poco cuidado; es decir, ropa sustentable. Al mismo tiempo, los líderes de la compañía decidieron que con sus ganancias apoyarían causas ambientales. Y más tarde Chouinard y Patagonia comenzaron a colaborar con la fundación One Percent for the Planet, un colectivo formado por más de cien empresas que se comprometieron a dar el equivalente a por lo menos el 1 por ciento de sus ventas anuales a organizaciones ambientales sin fines de lucro.

Después de ese viaje fue que pudieron darle forma a la misión de la corporación que los acompaña hasta ahora: "Construir el mejor producto, no causar daños innecesarios, usar el negocio para inspirar e implementar soluciones para la crisis ambiental".

Hasta que, en enero de 2012, Patagonia fue la primera compañía en California que obtuvo la certificación como Empresa B. En la página de las Empresas B, resaltan la labor de Patagonia: hacen productos duraderos, instan a sus clientes a consumir menos y comparten sus ganancias con movimientos ambientalistas. Casi lo opuesto al capitalismo.

Con casi 80 años, Chouinard no se detiene. Sigue explorando negocios que estén relacionados con los objetivos y misión de Patagonia y no deja de sorprender con sus acciones. Desde luchar contra el trabajo forzado que realiza alguno de sus proveedores en Taiwán hasta publicar un anuncio de toda una página en *The New York Times* el día del Black Friday, momento de fiebre consumista, que decía: "No compres esta campera".[57] Porque Patagonia alienta a sus clientes a que reparen su ropa o bien se la envíen a ellos para su reparación: solo en 2015, la compañía arregló cuarenta mil camperas.[58]

Esta es la historia de Yvon Chouinard, un amante de la naturaleza y de los deportes al aire libre para quien hacer negocios era lo menos importante del mundo. Sin embargo, con un propósito claro y con conciencia social, respeto por los demás y por el mundo que nos rodea, creó Patagonia, una empresa que aún hoy sigue dando ganancias millonarias: actualmente está cerca de los mil millones de dólares anuales en ventas.

Patagonia es la prueba viviente de que hoy quienes actúan con conciencia social, transparencia, velocidad y colaboración terminan siendo exitosos.

Hace apenas diez años costaba creer que existirían empresas como Patagonia para las que la rentabilidad, el éxito financiero y comercial no lo fueran todo. Ahora, en este nuevo mundo, existen y crecen las Empresas B. Según datos de 2016, a nivel global existen casi dos mil de estas compañías provenientes de 130 industrias diferentes en 50 países. En tanto, en América Latina hay cerca de 300 empresas B que facturan en total más de cinco mil millones de dólares anuales.[59]

---

57. "La gran aventura de Patagonia: el tenaz deseo de Yvon Chouinard de redefinir los negocios". *B Magazine*. 2016. <www.sistemab.org>.

58. Patagonia. <www.patagonia.com>.

59. Sistema B. <www.sistemab.org>.

Estas empresas redefinieron el criterio de éxito a algo asociado con la posibilidad de brindar una solución a problemas ambientales y sociales. De este modo, incorporan en sus estatutos estos compromisos de largo plazo a favor de todos aquellos a quienes involucran.

Las compañías que quieren ser catalogadas como Empresas B tienen que acceder a una certificación que brinda la organización B Lab para asegurar estándares altos del desempeño en relación con las cuestiones sociales y ambientales, y a la responsabilidad y transparencia. La certificación para las Empresas B no evalúa solo un aspecto de la compañía, sino a toda la organización de manera global: el compromiso de los empleados, la participación de la comunidad, el impacto en el medioambiente y la estructura de gobernanza. Esta mirada holística permite distinguir entre las compañías realmente buenas y aquellas que apenas tienen buen marketing.

Otra forma de hacer negocios

Ahora bien, no todas las empresas del nuevo mundo tienen que darse en cuerpo y alma al cuidado de la sociedad, el medioambiente y las comunidades en las que viven y trabajan. No todos los emprendimientos pueden (o quieren) ser B.

Algunas personas quieren hacer negocios porque les gusta crear cosas, otras porque tienen vocación de empresarios y no de empleados, y otras porque les otorga ingresos mayores. Y eso está bien. Sin embargo, lo que hay que entender en el mundo de hoy es que esas motivaciones solas ya no alcanzan. Puedo querer hacer negocios para ganar mucho dinero, pero si no tengo un

Propósito Compartido que contemple, entre otras cosas, el bienestar de mi entorno, no voy a llegar a ningún lado.

Por eso decíamos más arriba que las iniciativas de RSE clásicas no sirven. Cada vez son menos sostenibles las empresas que tienen un propósito individual y que para no quedar tan mal, para expiar sus culpas, crean una fundación para niños pobres o donan una parte de sus ganancias para cuidar el medioambiente.

Esas iniciativas no son auténticas ni genuinas, algo que el mundo de hoy exige. La transparencia es total y, aunque se invierta mucho dinero en promoción y lavado de cara, se nota. El caso de Patagonia, que contábamos antes, muestra que la clave es la combinación de acciones, que no son solo de RSE, sino que se centran en un Propósito Compartido claro.

Además, cuando estas iniciativas están impuestas desde la cúpula de las organizaciones hacia sus empleados, van a contramano del mundo actual. Hoy todos estamos empoderados y tomamos la iniciativa, nos comprometemos, y no necesariamente solo con las causas que quiere promover la gerencia.

Un ejemplo muy claro de esto es WeLever, una joven empresa creada por José Almansa, fundador también de Loom House, un espacio de innovación con sede en España. WeLever es una plataforma que permite a las corporaciones empoderar a sus empleados para que estos propongan las causas sociales que quieran promover. La compañía no sacrifica control. De hecho, las propuestas son "curadas" por el Departamento de Recursos Humanos para elegir aquellas que estén alineadas con el objetivo de la organización.

"Cambiamos el concepto sobre el tema voluntariado y la responsabilidad social empresarial poniendo al individuo en el centro de todo. Generamos herramientas para que las personas cambien el mundo", me dijo Almansa en un bar frente al estadio del Real Madrid, su otra gran pasión. "Es una forma de activar la inteligencia colectiva, de empoderar a la gente para modificar lo que quieran cambiar. Ya no necesitas criticar, opinar, sino que ya puedes actuar y, si no, te puedes apuntar a lo que hace tu vecino".

De hecho, lo único sustentable hoy son las iniciativas como esta, que aprovechen el empoderamiento que tenemos todos y que incluyan la conciencia social en el centro del negocio, es decir que sean parte de ese Propósito Compartido. O sea, no apoyo el medioambiente para que mis empleados crean que soy ecologista o para que mis clientes no me ataquen. Protejo el medioambiente porque parte de mi propósito es cuidarlo.

Unilever, por ejemplo, tiene una iniciativa con conciencia social y un Propósito Compartido de alto nivel. El Proyecto Shakti, que se lleva a cabo en Indostán, la región de Asia que comprende a India, Pakistán, Bangladesh, Sri Lanka, islas Maldivas, Bután y Nepal, da microcréditos y entrenamiento a mujeres del lugar para que puedan vender jabones, detergentes y otros productos puerta a puerta. A comienzos de 2015, participaban más de sesenta y cinco mil mujeres y el proyecto las ayudaba a duplicar, en promedio, los ingresos familiares al mismo tiempo que acercaba los productos de higiene a la población rural, lo que redundaba en una mejora de la salud pública. Esta iniciativa también generó beneficios para Unilever: el Proyecto Shakti significó más de 100 millones de dólares en ventas e hizo que la compañía planteara su extensión a otras partes del mundo.

Otro ejemplo es GE, que en 2005 lanzó Ecomagination, que atiende la demanda de clientes que buscan productos más eficientes con respecto al uso de la energía y el cuidado del medioambiente. Esta iniciativa no es una estrategia de marketing por la que la compañía realiza, por cada venta, la "buena acción del día". En este caso, el cuidado del medioambiente empieza en la concepción misma del producto. Y no es algo marginal para la compañía. Solo en 2011, GE invirtió más de dos mil millones de dólares en investigación y desarrollo. Entre 2005 y 2015, la iniciativa ya había alcanzado más de doscientos mil millones de dólares en ventas. Los datos de 2012 indicaban que Ecomagination había logrado disminuir las emisiones de gases de efecto invernadero un 29 por ciento, reducir el uso de energía un 19 por ciento y, si se comparaban datos de 2012 con los de 2006, el consumo de agua había disminuido en un 35 por ciento.[60]

Una vez más, la conciencia social es la llave al éxito. Quien se preocupe por su entorno y trate de hacer de este un mundo mejor va a ser quien, a la larga, triunfe. Porque, de a poco, en esta nueva realidad, ya no queda lugar para los egoístas, individualistas ni codiciosos. En la era de la hiperconexión, donde la información fluye y todos conversamos, los justicieros y héroes están empezando a dejar de ser la excepción; van a dejar de merecer el protagónico de una película de Hollywood. Ya nadie trabaja en soledad. Cada uno de nosotros puede, si así lo desea, convertirse —junto con muchos otros— en un Michael Clayton.

60. Kiron, David, y otros. "Corporate Sustainability at a Crossroads". *MIT Sloane Management Review*. Mayo de 2017. <www.sloanreview.mit.edu/projects>.

9

El fin de los muros

Los digitales y los nativos móviles, perdidos en sus *smartphones*, quizás no lo recuerdan, pero no mucho tiempo atrás, antes de los años 60, en la mesa familiar, el vecindario o el club social no se miraba el teléfono, ¡se conversaba!

En realidad, la conversación comenzó a perder su espacio mucho antes de que aparecieran los teléfonos celulares. Aunque la erosión fue gradual. La irrupción de la televisión fue lo que comenzó a cambiar las cosas.

Ese aparato nos invadió con su capacidad unidireccional, nos transformó en receptores adictos y en objetivos fáciles de lo que proponía. Con cara de angelicales ciervos que descansan en la pradera, éramos blancos impactados por los mensajes que presentaba quien los emitía. Poco se podía hacer. No había diálogo ni interacción. Imposible que el ciervo emitiera un mensaje y fuera escuchado. Si no estábamos de acuerdo con algo de lo que se transmitía, lo único que podíamos hacer era apagar el aparato. Pero lo que no podíamos lograr era hacernos escuchar del otro lado.

Y no era solo la televisión. Durante más de 50 años los medios masivos en general fueron los que dominaron la comunicación.

Nos sentábamos en nuestros hogares a mirar televisión, pero también a escuchar radio y a leer el diario. Aceptando lo que nos llegaba, filtrado por editores. Tenían dos armas letales: alcance y credibilidad. Su carnada era entretener y ofrecer opiniones creíbles.

Durante más de medio siglo los medios (sobre todo la televisión, con el enorme atractivo de lo audiovisual) digitaron gustos, ideas políticas, apetitos y consumo de la audiencia. Hacían y deshacían: deseos, preferencias, estrellas, ídolos, deportistas, máquinas, comidas y bebidas, productos de tocador, indumentaria y comportamientos. Nos indicaban qué pensar, qué comer, qué comprar y cómo relacionarnos entre nosotros.

Éramos receptores pasivos de los mensajes. Pero eso fue ayer. Con el advenimiento de la gran red todo volvió a cambiar. Hoy, cada vez más, las audiencias ya no son audiencias. Son actores con roles nuevos y con diferentes atributos y expectativas que, gracias a los medios sociales, adquieren constantemente mayor participación.

El quiebre

En este mundo donde receptores y emisores somos los mismos ya no hacen falta medios en el medio. Hoy todos hablamos, nos hacemos escuchar, nos guste o no.

Damián Fernández Pedemonte, de la Universidad Austral, recuerda al semiólogo argentino Eliseo Verón cuando aseguraba que Internet había cambiado no tanto las condiciones de producción o recepción, sino las de circulación. "Hoy todos somos nodos en esa cadena de circulación y producción", sintetiza Pedemonte.

Para algunos incluso el modo en que se dialoga cambió. La queja habitual que se escucha con respecto a este nuevo mundo hiperconectado es que las interacciones se han vuelto espurias, todo forma y poco contenido.

"La conversación se ha hecho más superficial —señala María Ángeles Marín Gracia, catedrática de la Universidad de Barcelona, autora del texto *Identidades físicas y digitales en un mundo global interconectado*—, se va saltando de un tema otro sin entrar en profundidad en ninguno".

Para Marín Gracia la tecnología es responsable de esta nueva modalidad.

"Nos ha cambiado la manera de ver el mundo, la forma de entender el tiempo y el espacio. Ahora ya no nos comprendemos sin la tecnología. En muchos momentos es un instrumento y en muchos otros es un fin. No es solo una herramienta. Ha pasado a ser un modo de ver y estar en el mundo", dice.

Ciertamente, la facilidad para comunicarnos que nos permite la tecnología actual fomenta la dispersión. Cualquiera que tenga acceso a un *smartphone* sabe lo difícil que es resistirse a su encanto. Uno queda atrapado rápido en un torbellino de correos electrónicos, mensajes de texto, mensajes de WhatsApp, búsquedas en Internet, intercambio de mensajes por Facebook y de videos por Snapchat. Hoy llevamos a cabo conversaciones atomizadas, que a veces hasta incluso omiten las palabras. Intercambiamos con un amigo un par de emojis y a otro le recordamos nuestro verano juntos en la playa "tagueándolo" en una foto en Facebook.

Actualmente, más que nunca resuenan las palabras del filósofo canadiense y estudioso de la teoría de la comunicación, Marshall McLuhan, quien publicó en 1967 su famoso libro

El medio es el mensaje. McLuhan describió el mundo como una aldea global, producto de la interconexión generada por los medios electrónicos de comunicación.

En la realidad en la que estamos sumergidos su descripción se adecua sorprendentemente. McLuhan aseguraba que los medios electrónicos, sobre todo la televisión, producían tal impacto que superaba al del mensaje que estaban comunicando, dado que el modo en que percibimos los mensajes se relaciona con la estructura y la forma de la información.

De la misma manera, la comunicación en la era de la hiperconexión se ve moldeada por este nuevo medio. Pero esa comunicación, superficial o profunda, atomizada o continua, entre pocos o entre muchos, es hoy una conversación.

La comunicación de esta era ya no es unidireccional; es un ir y venir.

Hasta los políticos cambiaron

Este cambio profundo es notable en muchos aspectos de nuestra vida social.

Han cambiado hasta las campañas proselitistas. La vaca sagrada de los políticos, el famoso discurso ante las masas, ha dejado de ser el centro de la interacción entre el candidato y sus acólitos. Atrás quedaron los afiches donde se veían fotos del político subido a un escenario, con la mano levantada y la vista clavada en el infinito. Antes el político decía y los demás escuchaban. Pero hoy no solo se cambió en el fondo y se conversa, sino que ahora también se muestra visualmente ese cambio.

En 2015, la campaña del presidente Mauricio Macri basó todas sus comunicaciones en el concepto de la conversación. La plataforma elegida para comunicarse con sus seguidores fue Facebook y en las fotos y afiches de campaña el candidato no era el centro de la historia. Se lo veía conversando con los ciudadanos, sentado en el hogar de alguien, compartiendo una bebida, hablando con la gente. Mirándolos a los ojos. Incluso, el candidato podía estar fuera de foco o de espaldas. Lo importante era la conversación y el lugar del otro en esa conversación. Cambió la acción. Porque para poder conversar hay que escuchar.

Marcos Peña confirmó desde adentro lo que se podía ver desde afuera: la campaña se basó en una gran conversación.

"Ese fue el corazón. Pusimos en primer lugar la conversación y a partir de ahí toda la amplificación de la conversación a través de la publicidad tradicional, por la prensa, la comunicación directa, la digital y el timbreo", asegura el jefe de Gabinete.

Al mismo tiempo, la campaña tenía muy en claro que competía con muchos otros estímulos más interesantes y que ellos peleaban por un poquito de esa atención. Porque, como decíamos antes, hoy todos estamos en varias conversaciones a la vez y la que capta más nuestra atención termina siendo la que nos resulta más relevante.

"La relevancia de la conversación se basaba esencialmente en lo emocional y no en lo racional. A partir de ahí empezamos a trabajar, a experimentar —cuenta Peña—. Contactábamos a millones de personas pidiendo que lo invitaran a Mauricio Macri a la casa, terminaba yendo a una y después eso lo amplificábamos en contenidos a todos lados. Esta idea de cercanía, que llevaba vínculo y participación, esto de ir juntos, como concepto. Eso fue un poco el proceso", recuerda, sentado a una larga mesa de reuniones en su despacho.

Y una vez en el gobierno no perdieron de vista el tema de la conversación.

"Para nosotros es enorme la importancia de la coherencia y la consistencia, primero porque es reflejo de una agenda estratégica y no táctica, y segundo porque creemos que con la fragmentación de la comunicación actual la coherencia y la consistencia te permiten acumular una identidad", dice Peña, y agrega que ese concepto se trasladó naturalmente al gobierno porque no se basaba en una imagen, sino en una identidad. "La alineación entre el ser, el parecer y el hacer para nosotros es central. Hoy en campañas políticas no se trata de pensar una estrategia de comunicación, sino de pensar una identidad", explica.

De la forma al contenido
(o de cómo el medio se volvió mensaje)

Al final, McLuhan no solo tenía razón, sino que era además un gran adelantado. En la era social, más que nunca, el medio es el mensaje.

Santiago Bilinkis lo resume de esta manera: "Conversar en diferentes lugares cambia la naturaleza de las conversaciones. Es distinto hacerlo en Twitter o en Facebook. Y lo es por la mecánica, el perfil de la gente y el uso que realizan de la herramienta. Yo publico la misma cosa en una red y en otra y obtengo resultados radicalmente distintos. Y las conversaciones que se tienen y se generan son diferentes también".

Los medios actuales, por su interactividad y transparencia, nos obligan a emitir mensajes que permitan la participación del otro y que sean auténticos.

Allí es donde la comunicación dejó de ser mera forma de un contenido externo para pasar a ser, en sí misma, contenido (o mensaje). El encargado de la comunicación de las empresas y gobiernos ya no es un integrante más: pasó a sentarse a la derecha del CEO o del presidente.

La campaña de Macri también entendió esto.

Señala Peña: "La base de la comunicación es que todo lo que comunicamos tiene que ser real, creemos que no existe ninguna posibilidad de distorsión. Ahí surgió el mano a mano como el emblema de la campaña, el moño. Trabajamos mucho con los dirigentes en ese sentido. Hoy en el gabinete lo planteamos así". E indica: "Para nosotros lo fundamental es la ejemplaridad, la austeridad, la conducta, la consistencia y la palabra. Nunca ir con un jueguito. De hecho, ese fue el motivo por el que armamos la plataforma de gobierno basada en la plataforma de campaña. No queremos prometer nada que no podamos cumplir. Porque después te vuelve".

La comunicación ya no sirve para tapar aquellos defectos que las compañías, gobiernos e instituciones creían que era mejor ocultar. Porque la imagen ya no puede ser distinta de la esencia, tiene que volver a ser a su semejanza.

La comunicación ahora es una forma de proyectar lo que se es, no una forma de esconderse. La comunicación de hoy se basa en algo auténtico: cuenta quiénes somos y para qué estamos. Y ese para qué estamos tiene que incluir a todos, para que el propósito sea realmente algo compartido y genere, entonces, *engagement,* un término que en español se traduce como "compromiso", pero que en inglés va más allá y se refiere a una activa participación, a un sentido de pertenencia.

Hoy no comunicamos, conectamos

Por lo tanto, es esa conversación de fondo, con valor, profunda, la que ayuda a generar una conexión real con la gente, el buscado *engagement*. Porque hoy la palabra clave ya no es comunicar, sino conectar.

Sin embargo, muchas empresas, organizaciones, instituciones y gobiernos están divorciados de la gente. Es como si estuvieran en un plano distinto. La gente allí arriba, en el mundo en el que se conversa y se interactúa sobre la base de ideas y Propósitos Compartidos, y las organizaciones aquí abajo, donde todavía se cree que la comunicación es unidireccional y sirve para convencer a la gente de que compre cosas que no necesita.

Pero como abajo no se es efectivo, no se consigue conectar, entonces las organizaciones se pasan la vida en el ascensor. Subiendo y bajando. Todo el día. Subiendo para tratar de conectar con la gente, a conversar, a probar un poquito de social media y digital de forma reactiva, y bajando a su mundo donde lo único que interesa es el interés propio y donde la comunicación se usa como maquillaje.

Esa falta de sintonía se nota y es desgastante. Con el paso del tiempo, además, se hace difícil de revertir. Lo que deberían hacer, en vez de estar yendo de un lado para otro, es instalarse definitivamente en el mismo sitio en que está la gente.

Es muy común hoy encontrarse con ejecutivos desorientados, saltando de una moda a otra para tratar de atrapar a una audiencia que es tan escurridiza que ha dejado de ser "audiencia".

Primero fueron los *banners* con elementos animados. No importaba qué fuera lo que se movía, un pajarito, una computadora, una abuela; lo importante era que se moviera para que el pobre internauta desviara la mirada hacia el aviso. Luego, cuando la gente ya dejó de caer en el jueguito de las cositas movedizas, fueron los *pop-ups*, que directamente obstruían lo que uno estuviera mirando. Y desde entonces la industria de las "comunicaciones" no se ha cansado de inventar tonterías que lo único que hacen es importunar a la gente y predisponerla de manera negativa hacia el producto o marca que está intentando conectar con ella.

Así, al poco tiempo, empezaron a idearse aplicaciones para bloquear los anuncios. Como dice Walter Isaacson, un famoso periodista de tecnología estadounidense, autor de varios libros, entre ellos biografías de Leonardo da Vinci y Steve Jobs, los bloqueadores de publicidad digital son los descendientes del botón de *mute* de los controles remotos.

David Droga, el fundador y CEO de la agencia de publicidad de Nueva York Droga5, se lamenta de esta manera del estado de su industria: "Somos una de las pocas industrias en las que la gente inventa tecnología para evitar eso que nosotros creamos", dice.[61]

Esta es la mayor alarma para intentar hacer las cosas mejor, más relevantes y no bombardear y molestar. Porque, como ya lo dijimos, las personas dejaron de ser receptores pasivos. Ahora eligen dónde ir en cada momento.

---

61. *Advertising: Disrupting Interruption.* Dell Technologies. Trailblazers Podcast 07. 2017. <www.delltechnologies.com>.

La industria hoy se rasca la cabeza tratando de entender cómo ponerle el cascabel al gato, cómo captar la atención de una audiencia que ya no es cautiva y exige que la interpelen.

Volver a las fuentes

La publicidad y el marketing no siempre fueron intrusivos y molestos, no siempre fueron un elemento que la gente toleraba porque financiaba sus programas de televisión preferidos o les daba de comer a los periodistas que les acercaban la información de su interés.

En los años 30 y 40, en pleno apogeo de la radio, las marcas no hacían avisos, hacían entretenimiento. Allá lejos, hace casi 90 años, ya estaba el germen del *branded content* (contenido de marcas).

Y las marcas que no producían entretenimiento, por lo menos lo auspiciaban. ¿Alguna vez se preguntaron por qué las telenovelas en inglés se llaman *soap operas*? Porque las primeras, que en realidad no eran "tele", sino "radio" novelas, fueron auspiciadas por una marca de jabón.

Una parte crucial del asunto en los comerciales de radio era poder introducir el aviso en el mismo programa. Así lo explica Cynthia Meyers, profesora de Comunicación y autora del libro *A Word From Our Sponsors, Ad Men, Advertising, and the Golden Age of Radio*:[62] dado que los anuncios en la radio no se pueden pasar por alto (a diferencia de lo que sí ocurre con los

62. *Ibid.*

medios gráficos), los publicistas en los años 30 y 40 eran muy cuidadosos en hacer que el aviso formara parte lo más posible del programa para intentar que no molestara.

Así de directa era la conexión entre marca y audiencia. El jabón que uno usaba para lavar la ropa era el que, además, todas las tardes a las cuatro, brindaba una hora de placer. ¿Alguien puede dudar de que esa es una conexión poderosa? Lo es porque se basa en un propósito que no es egoísta; la marca no aparece solo como interesada en vender; aparece como interesada en hacer más agradable la vida de sus clientes (con jabón para dejar la ropa limpia y fragante y con una telenovela para entretenerse).

Cuando la televisión comenzó a imponerse como el medio dominante, en los años 50, los programas se volvieron mucho más costosos y un solo patrocinador no podía financiar una emisión entera. Empezaron entonces a venderles un mismo show a varias marcas y ganar mucho más dinero. Así las marcas dejaron de producir algo de valor para el público y pasaron a hacerlo las cadenas de televisión, en este caso, y las marcas ponían avisos para financiarlo. Comenzaba el divorcio entre la audiencia y las marcas.

En los años 90, con la irrupción de Internet, nace un nuevo desafío. Seth Godi, empresario y experto en marketing, lo cuenta así:[63] "Internet es el primer medio masivo que no fue inventado para los anunciantes. Para ser claros, las revistas existen para vender avisos en las revistas; la televisión existe para vender anuncios en televisión. Pero Internet se creó para permitir que los científicos pudieran seguir compartiendo información e investigaciones, aun si sucedía una guerra nuclear".

63. *Ibid.*

Pronto Internet se fue masificando, muchos empezamos a subir contenidos y a mirar los que estaban allí.

Por eso la publicidad en Internet no pudo ser otra cosa que un elemento absolutamente intrusivo. Como contrapartida de lo que pasaba en los comienzos de la radio, cuando intentaban que los anuncios convivieran pacíficamente y de un modo lo más armonioso posible con el contenido, en Internet los anuncios se tornaron molestos. Así como contaba Droga más arriba, los anunciantes que jugaron el papel de benefactores de los programas y medios gráficos pasaron a ser detestados por la comunidad online.

Hace falta entender que el camino de imponerse ya no existe. Hoy la única forma de captar la atención es siendo relevante para el otro. Ya no podemos taladrar cerebros con jingles pegadizos, eslóganes repetidos hasta el hastío y millones de dólares "invertidos" en medios. Para generar el tan buscado *engagement* tenemos que partir de un Propósito Compartido.

Es una gran ironía, pero después de tantos cambios tecnológicos hemos cerrado el círculo para volver al punto de partida: no se trata de interrumpir a nuestros potenciales receptores, se trata de interpelarlos con algo que les sea relevante, así como las radionovelas interpelaban a nuestras abuelas.

Hoy, por ejemplo, se habla mucho de *branded content*, aunque existe confusión acerca de qué es exactamente. Muchos ponen bajo este paraguas actividades que antes eran consideradas de marketing, como la organización de eventos o las activaciones y el contenido de video o en otros formatos.

El *branded content* transforma a la audiencia en *stakeholder*. Uso el término en inglés porque creo que las traducciones al español (partes interesadas, participantes, beneficiarios) no terminan de capturar todos los matices de la palabra. El *stakeholder* es, por definición, un elemento activo. Está interesado y comprometido con la situación, no es un mero observador. El marketing tradicional en general no logra convertir a la audiencia en *stakeholder* porque sigue considerándola como un elemento pasivo en su ecuación de comunicación.

Déjenme darles un ejemplo. Una cerveza cualquiera lanza como campaña de verano una serie de carreras de motos de agua en distintas playas. Está bien, es interesante. La cerveza refresca y en verano hace calor, y más si uno está al sol en la playa viendo o participando de una carrera de motos de agua. Es probable que mucha gente quiera sumarse a la convocatoria. ¿Se acordarán luego de la marca que auspició los eventos? Probablemente sí, dependiendo de cuántos carteles haya puesto la marca y cuánto haya taladrado por la radio y la televisión.

Pero ¿qué pasa cuando el que organiza la carrera es Red Bull? Ahí la conexión es electrificante. Porque Red Bull genera como nadie un vínculo real entre los consumidores y la marca. Procura que lo que llame la atención sean los deportes extremos con los que se asocia. Red Bull decidió, en gran parte de su interacción con sus clientes, alejarse de la publicidad tradicional y eligió que se hable lateralmente de ella.

Salgamos de la hipótesis y vayamos a un caso concreto.

Octubre de 2012. El paracaidista australiano Felix Baumgartner bate el récord histórico al lanzarse desde un globo tripulado que había llegado a la estratósfera desde una altura de casi cuarenta mil metros alcanzando una velocidad de algo más de 1300 kilómetros por hora. Subió durante dos horas y media y bajó en solo 20 segundos.

La transmisión en vivo del evento generó 52 millones de vistas sumadas a la cobertura televisiva, los videos virales en YouTube y un documental en Netflix.

Red Bull promocionó el evento y fue el auspiciante de la transmisión en vivo. En los seis meses posteriores al salto, Red Bull también protagonizó un salto: sus ventas subieron en un 7 por ciento y llegaron a 1600 millones de dólares.

Este es un buen ejemplo del poder del *branded content*: una empresa genera y financia contenido periodístico, educativo o de entretenimiento, y así atrae tanto a los consumidores que podrían consumir esa marca como a los medios tradicionales que multiplican y amplifican estos contenidos. Y las acciones que encara una marca están en sintonía con lo que es y con aquello con lo que quiere ser asociada. En el caso de Red Bull tiene que ver con los deportes extremos y la energía.

Los mensajes que se generan con el *branded content* son más sutiles que los de la publicidad tradicional. A esto se suma que la repetición no existe: cada acción es diferente a la anterior. Pero el efecto es mucho más poderoso. Como explica el ex director creativo del diario *Clarín,* Julián Gallo:[64] "Lo importante es que no se usan mensajes publicitarios, sino que se produce contenido genuino, interesante y profesional. Es decir, en los casos logrados, se trata de verdadero contenido que por su calidad consolida los atributos de una marca".

Al contrario de lo que pasa con la publicidad tradicional, que interrumpe la atención —continúa Gallo—, el *branded content* busca captarla.

---

64. *La indestructible.* WOBI. Agosto-septiembre de 2013.

Otro excelente ejemplo de este camino que estamos recorriendo para volver a reunir a esa pareja audiencia-marcas es GE. El gigante norteamericano auspició hace décadas el programa de radio y televisión *General Electric Theatre*. Con estrellas invitadas como Cary Grant, Jane Wyman, William Holden, Joan Fontaine y Judy Garland, entre muchas otras, la serie se emitió entre enero y octubre de 1953 por la radio CBS y entre febrero de 1953 y mayo de 1962 por el canal de televisión de la misma cadena. Durante muchos años fue presentada por Ronald Reagan y contaba con audiencias masivas. Durante la temporada 1956-1957, llegó a ocupar el lugar número 3 en el ranking de Nielsen de teleaudiencias.

Hoy GE ha resucitado la idea con un formato de *podcasts* que cuentan historias de ciencia ficción en las que la empresa solo aparece mencionada en los créditos, como patrocinadora del programa. Los *podcasts* cuentan historias en torno a temas vinculados con GE, por ejemplo, la tecnología de imágenes aplicada al diagnóstico médico.

El primero salió en 2015, se tituló *El mensaje* y tuvo millones de bajadas. Un año después salió *Life After*, que trata sobre qué pasa con nuestras identidades digitales luego de la muerte y sobre el rol que puede jugar la inteligencia artificial en el proceso de duelo.

La receta, dice Alexa Christon, responsable de Innovación en Medios de la compañía, es contar una buena historia que solo toque lateralmente temas que reflejen los trabajos que GE realiza en ciencia y tecnología. El énfasis no está puesto en los productos que vende GE, sino en la conexión que intenta establecer con su audiencia.

De la mano de la tecnología

Es gracias a esta conexión poderosa que el *branded content* se ha puesto de moda. Sin embargo, no es la única forma de generar *engagement*.

Los extraordinarios avances de la tecnología permiten, cada vez más, que los productos y las marcas se comuniquen de un modo más eficiente. Ya no alcanza con alguien creativo. También es necesario alguien que conozca —y mucho— de tecnología y cómo aplicarla. Scott Galloway, profesor de marketing de la Universidad de Nueva York,[65] lo explica con una broma y dice que Don Draper, el protagonista de la serie *Mad Men*, murió, y en la agencia de publicidad lo sucedió alguien con un posgrado en el MIT.

Gracias al avance de la tecnología hoy las empresas pueden disponer de mucha información sobre aquellos a los que les interesa hablarles. Reúnen la información basada en la edad de cada uno, dónde vive, dónde compra, qué mira y busca en Internet, qué le gusta y qué no. Una acumulación de detalles que juntos permiten armar un retrato del consumidor. Así, con las nuevas herramientas disponibles, si alguien necesita un cochecito de bebé, aparecerán en su pantalla publicidades sobre ese producto en el momento justo como para intentar afectar su decisión de compra.

Para eso resulta imprescindible hablar de uno a uno, porque eso es lo que espera la gente de hoy. Somos actores empoderados y deseamos ser tratados como individuos.

---

65. *Advertising: Disrupting Interruption.* Dell Technologies. Trailblazers Podcast 07. 2017. <www.delltechnologies.com>.

Jim Messina, estratega de la campaña del ex presidente de los Estados Unidos Barack Obama, habla de la llegada de la era de la Little Data (en contraposición a la Big Data), de la mano de los medios tecnológicos. Esta información permite personalizar las conversaciones con cada votante en particular tanto *on* como *offline* y así dejar de hablar de genéricos: las mujeres profesionales independientes, los jóvenes, etcétera. De esta manera las campañas (y los gerentes de marketing) pueden empezar a pensar en las particularidades que conforman cada uno de esos colectivos. Y esto se está extendiendo también a las empresas que quieren hablarles a los consumidores, pero no como un gran conjunto, sino a cada uno de ellos.

Así, el *branded content* y el avance de las nuevas tecnologías son dos de las estrategias que permiten personalizar las conversaciones y sentir que las marcas nos hablan a nosotros. Y no a un nosotros genérico, que engloba; no. Nos hablan a cada uno de nosotros. Me hablan a mí, a ti, a él. Y están intentando brindar soluciones para las necesidades que tenemos en cada momento. Esa es la mejor estrategia para generar el *engagement,* el compromiso de todos los actores involucrados. Porque no hay nada más poderoso para una empresa que lograr que su propósito sea compartido por todos aquellos sobre los que influye.

10

Cuidar la reputación

¿Se acuerdan del caso de las calzas de United?

En marzo de 2017, las redes se hicieron eco de un incidente centrado en la elección de vestimenta de un par de adolescentes y una niña. Sucedió en el aeropuerto de Denver, Colorado. Shannon Watts, fundadora de una asociación de lucha contra las armas de fuego llamada Madres que Piden Acción, esperaba para abordar su avión a México y vio cómo, en la puerta de al lado, por la que embarcaba un vuelo a Minneapolis, un empleado de United Airlines impedía el ingreso a dos adolescentes por vestir calzas. Al mismo tiempo, una familia con dos niñas de unos 10 años discutía acaloradamente con el empleado, ya que una de sus hijas también vestía calzas. La niña finalmente fue al baño y se puso un vestido. Watts, por su parte, abrió su Twitter y tuiteó lo que había visto, preguntándose por qué United pretendía erigirse en guardián de lo que es aceptable o no en materia de vestimenta.[66]

Y así empezó el escándalo. Antes de que United pudiera contestar, los usuarios de las redes sociales se indignaron,

66. Stack, Liam. "After Barring Girls for Leggings, United Airlines Defends Decision". *The New York Times*. Marzo de 2017. <www.nytimes.com>.

patalearon y protestaron contra lo que llamaron una política sexista y represora de la aerolínea.

United salió a dar explicaciones, diciendo que las personas afectadas eran familiares de empleados que viajaban gratis y que al representar a la compañía estaban sujetos a su política de vestimenta. La explicación, perfectamente lógica y basada en argumentos de negocio y legales sólidos, fue completamente inútil.

El daño a la reputación de United ya estaba hecho.

Ya no importa si es verdad

Hoy la percepción es más importante que la realidad. Dada la velocidad a la que se difunde la información, la percepción llega primero y la realidad viene rezagada, si es que viene. A fin de cuentas, vivimos en la era de las *fake news*, un mundo posterior a la verdad, en el que quien logra encender primero la conversación en los medios sociales (y por lo tanto en los medios tradicionales, porque estos cada vez más se hacen eco de lo que pasa en el mundo virtual) puede instalar su narrativa en la sociedad.

¿Qué hizo el presidente de los Estados Unidos Donald Trump durante todo el primer año de su presidencia? Se encargó de tuitear a diestra y siniestra aseveraciones que, a pesar de ser falsas, se expandieron por los medios sociales como incendios forestales fuera de control, al tiempo que acusaba a los medios de comunicación que lo desmentían de ser *fake news*.

En realidad, Trump empezó su cruzada posverdad mucho antes de presentarse a presidente. Durante toda la presidencia de su predecesor, Barack Obama, Trump mantuvo viva la narrativa de que el primer presidente negro de los Estados Unidos no había nacido en el país y pidió que Obama mostrara su certificado de nacimiento. Incluso después de que la Casa Blanca dio a conocer ese documento, Trump siguió insistiendo con que Obama no era americano. Y convenció. Para enero de 2017, según una encuesta realizada por *The Economist* y YouGov, el 42 por ciento de los republicanos aún creía que Obama había nacido en Kenia.[67]

En la era de la posverdad, ya no importa si lo que ataca nuestra reputación es cierto o no. Una bomba en el lugar más concurrido de una ciudad vulnera tanto la reputación de las autoridades encargadas de la seguridad como una denuncia por corrupción que esté lejos de apoyarse en pruebas. Poco importa si se trata de rumores o de asuntos comprobados. Poco interesa si el acusado actuó dentro de la ley o no. La reputación es uno de los activos más valiosos que tienen las personas, las empresas o las instituciones, y hoy es uno de los que puede destruirse en un abrir y cerrar de ojos.

Tenemos que tener en cuenta que lo que antes se llamaban "rumores", y ahora podemos tildar de *fake news*, avanzaban lentamente. Era como la ola de un mar calmo que llegaba a la orilla y de a poco iba ganándole terreno a la arena, pero sin generar demasiado ruido ni erosión. Con convencer a algunos periodistas —en el mejor de los casos— o distraerlos —en el peor— era fácil lograr que dejaran de escribir sobre una denuncia hasta que no hubiera pruebas concretas. Pero hoy no hay denuncia que se pueda ocultar. No son olitas que llegan a la playa, son tsunamis imparables que arrasan con todo. No hay manera

---

67. Zorn, Eric. "Polls Reveal Sobering Extent of Nation's Fact Crisis". *Chicago Tribune*. Enero de 2017. <www.chicagotribune.com/news/opinion>.

de tapar los ojos ni los oídos de nadie. Y mucho menos las voces. Si una empresa logra callar una voz, habrá otros cientos de voces dispuestas a hablar y denunciar, y la situación se prenderá fuego como si se tratara de un montón de paja seca amontonada.

Así, en estos tiempos en los que vivimos en una actualización permanente, un rumor esparcido en alguna de las redes sociales más populares, aunque esté basado en falsedades y sea lo que comúnmente se conoce como "cortina de humo", puede llegar a generar mucho daño, tanto en la reputación como en el negocio de la organización afectada. Puede hasta ocasionar la corrida de un banco.

Porque millones de "justicieros" no tienen las restricciones que solían operar en los medios de comunicación tradicionales, que se cuidaban de propagar rumores ya fuera para no perder credibilidad, por temor a futuras demandas por calumnias e injurias o por intereses económicos. Hoy hay incluso quienes buscan adrede causar daños a determinadas organizaciones —los famosos *trolls*—, sabiendo que en las redes reina la impunidad. Porque quienes participan no quieren discernir sobre qué es un rumor y qué no. Hablan, conversan, opinan. Después se verá.

En esta época todo —auges, explosiones, modas, crisis— se desparrama como esos panaderos que soplábamos cuando éramos chicos. Y las reputaciones ya no se manchan; directamente se destruyen.

Cuanto más poderosos, más vulnerables

Así hoy la torta se dio vuelta. Los poderosos se han vuelto vulnerables. Porque cuando tenemos mucho que perder, un entorno como el actual puede ser letal. Si no, pregúntenle a Travis Kalanick, el fundador de Uber.

Todo comenzó de una forma más bien anodina. Una joven ingeniera, Susan Fowler, contó en su blog personal que su supervisor en Uber la había acosado sexualmente y que cuando se lo hizo saber al Departamento de Recursos Humanos de la empresa la respuesta había sido que su acosador era muy eficiente en el trabajo y que preferían no importunarlo.

Fowler dejó Uber y consiguió enseguida trabajo en otra *startup* de Silicon Valley, pero sus revelaciones desataron una crisis. Empezaron a aparecer en las redes decenas de historias de empleadas de Uber diciendo que habían sido acosadas. Uber tuvo que entrar en modo de contención de crisis: abrió una *hotline* para que sus empleadas denunciaran casos de acoso sexual y anunció que uno de los miembros de su directorio, Ariana Huffington, estaría disponible para recibir denuncias personalmente.

La decisión de usar a Huffington, una empresaria de alto perfil que por su exitosa carrera representa como nadie el empoderamiento de las mujeres en el mundo de los negocios estadounidenses, fue una clásica maniobra de relaciones públicas tradicional que en otros momentos hubiera funcionado. Hoy, no. En nuestro mundo actual transparente solo sirvió para que se abrieran aún más las compuertas de la crisis.

Este y algún otro escándalo que tuvo que enfrentar Uber en poco tiempo hicieron que, asediado, el directorio de la empresa tuviera que pedirle la renuncia a Kalanick, hasta entonces CEO de la compañía.

Es decir, una empleada acosada logró torcerle el brazo a una enorme compañía. En otra época esto nos hubiera sorprendido.

Después de todo, no hay proporcionalidad entre el evento y su consecuencia. ¿Qué pasó? En el mundo transparente en el que vivimos, en el que las expectativas de la gente son que las organizaciones se comporten infaliblemente como ciudadanos responsables, los altos ejecutivos tienen una mira clavada en la frente.

Ya no hay industrias de riesgo y otras que no lo son. Todas las industrias son de riesgo. Las decisiones de los ejecutivos se examinan con lupa. Sus actitudes se juzgan en forma constante. Sus comportamientos son medidos con los estándares más exigentes.

Este es el gran dilema de los empresarios de hoy: están en un entorno en el que, en parte gracias a la tecnología, pueden hacer cosas revolucionarias, que dejan obsoletas regulaciones y cambian radicalmente los patrones de funcionamiento de muchos mercados.

Esta libertad de creación puede generar la sensación de que ya no existen reglas que no pueden violarse. A fin de cuentas, se puede comprender que un empresario que logró cambiar de cuajo una industria que llevaba décadas atrincherada pueda tener la sensación de que puede hacer lo que quiere.

Yo recuerdo, por ejemplo, un pedido insólito —e insolente— del propio Kalanick cuando mi empresa, Newlink, manejó las comunicaciones de Uber en América Latina. Kalanick necesitaba una oficina por una tarde en Miami para tener una reunión. Le ofrecí la mía, que tiene una hermosa vista a la bahía. ¿Saben lo que me dijo Uber? Que Kalanick aceptaba gustoso, pero que la empresa debía estar absolutamente vacía (en Newlink de Miami trabajan alrededor de 200 personas) y que si alguien tan siquiera se atrevía a asomar la cabeza mientras él estaba allí perderíamos la cuenta de Uber para siempre. ¿Qué les parece?

Indudablemente Kalanick siente que, por haber fundado Uber, puede hacer lo que le plazca. Sin embargo, este mismo entorno que lo puso en el pedestal gracias a su capacidad creativa también lo deja absolutamente desnudo en una gran vidriera. Y por eso su caída fue veloz y estrepitosa.

Hoy el desafío de hacer negocios ha crecido —y sigue creciendo— de manera exponencial. Cuando pensamos que las cosas cambiaron, vuelven a modificarse. Uber y todas las empresas e instituciones (y por qué no, gobiernos) tienen que cambiar el chip. Son grandes innovadores, disruptores que traen grandes ideas, pero siguen manejando la comunicación con sus empleados y con otros actores de la misma forma en que se manejaba en la época en que Ford inventó la línea de producción masiva de automóviles.

Esta bofetada que recibió Kalanick lo enfrentó a la realidad actual: hoy todos estamos muy expuestos. Todo lo que decimos y dicen los demás sobre nuestra empresa es inmensamente relevante porque puede amplificarse de modo inmediato a través de los medios sociales.

Por eso en el mundo actual el manejo de la reputación, aun para las empresas nacidas en esta realidad que parecen poder llevarse todo por delante, ha pasado a ser una parte integral del trabajo del CEO, tan importante como el manejo operacional de la compañía.

La comunicación como forma de tapar nuestras falencias ya no existe. Hoy el cuidado de la reputación tiene que ser parte del plan de negocios. El tema ya no es operar, y ver qué sucede luego, con un manual de manejo de crisis armado hace 15 años o copiado de otra empresa. La comunicación es vital, pero no hay muchos que hayan hecho la actualización que se necesita.

Espejito, espejito, ¿quién es…?

¿Cómo se hace entonces para cuidar una reputación?

La respuesta clásica es que un buen primer paso suele ser mirarse de una manera sincera en el espejo y reconocer cuáles son los riesgos hacia adentro y hacia afuera, identificar los peligros operacionales y las debilidades en todos los niveles. Porque más del 80 por ciento de los problemas reputacionales se originan por temas internos. Es decir, no se trata de situaciones inesperadas, sorpresivas. Son riesgos latentes que existían en la institución y no se supieron o no se quisieron manejar en el momento adecuado.

Así siempre el primer paso es ver qué riesgos internos y externos existen: conocer la industria, sus cambios, las regulaciones que se están por imponer, el entorno social, político y económico en el que nos movemos, ver dónde estamos actuando. Y hacer, de modo preventivo, un mapeo de los riesgos para poder estar preparados ante el surgimiento de un evento o una crisis.

Pero hoy esto ya no alcanza. Ahora la bomba puede ser activada desde cualquier lugar. Es imposible armar una hoja de ruta con los potenciales riesgos.

Por eso resulta fundamental estar bien con el entorno y alcanzar un *engagement* real con todos los actores. Aquí es donde entra nuevamente la importancia del Propósito Compartido. Sin él no hay conexión con quienes nos rodean. Con él, por el contrario, se construye una relación que no será solo transaccional, sino que logrará que, en el momento en que necesitemos que alguien nos defienda, no nos critique o genere algún tipo de protección, aparezcan aquellos con quienes compartimos valores y pueden estar dispuestos a apoyarnos.

El mejor ejemplo de esto es el caso de Polar, la última empresa grande de Venezuela que no ha sido expropiada por el gobierno. Y no la han expropiado por la cantidad de gente que la apoya. No se animan a ponerse a todas esas personas en contra. Polar es quien vende la harina PAN, la materia prima para hacer nada menos que las arepas, y los que fabrican la cerveza más popular de Venezuela, llamada justamente Polar. Los venezolanos se sienten desde hace décadas parte de la empresa. Por eso están dispuestos a defenderla.

Polar emplea a treinta mil personas, es la marca venezolana más exitosa y es la compañía privada más grande de ese país. Lorenzo Mendoza, el responsable de la organización desde 1998, no causa simpatía en el gobierno y han llegado a decirle traidor, ladrón, oligarca y a asegurar que tiene reservado un lugar en el infierno. Pero ni Hugo Chávez ni su sucesor Nicolás Maduro se animaron a expropiar la empresa. Uno de los ejecutivos de Polar lo explica así: "La gente dice que, aun si el gobierno quiere aplastar a Polar, ellos van a pararse y defenderla. Cuanto más nos golpea el gobierno, más nos ama la gente".[68]

Por eso la conexión que una empresa tenga con su entorno es algo para construir y cuidar con mucho esmero, porque repercutirá directamente sobre su reputación, haciéndola crecer en los buenos momentos y apoyándola en medio de los ataques.

68. Schipani, Andrés. "Empresas Polar: A Symbol of Resistance Amid Venezuela's Crisis". *The Financial Times*. Marzo de 2017. <www.ft.com/content>.

La reputación como activo financiero

La reputación hoy es un activo financiero. Está comprobado que las empresas que tienen buena reputación generan mejores resultados financieros. La compañía estadounidense The Harris Poll, que se dedica a hacer encuestas, publica todos los años una lista de las organizaciones con mejor reputación del país. Si uno investiga un poco acerca de los resultados de negocios de esas corporaciones, invariablemente muestran resultados superiores.

En 2014, Deloitte y Forbes Insights realizaron un estudio destinado a analizar el riesgo de que una empresa sufra una pérdida de reputación. Allí citan cifras del Foro Económico Global que aseguran que más del 25 por ciento del valor de mercado de una compañía puede atribuirse a su reputación. Deloitte y Forbes encuestaron a más de 300 directivos de empresas, de los que casi el 90 por ciento valoró el riesgo reputacional como más o mucho más importante que otros riesgos.[69]

Por eso la reputación debe seguirse como un activo financiero.

Lo que suele hacerse para manejar un activo financiero es un análisis de riesgo, al igual que lo que se hace para manejar la reputación. E incluso la volatilidad que poseen los activos financieros muchas veces no tiene que ver con algo real, sino con percepciones que pueden ocasionar que una acción se derrumbe en la Bolsa de valores. Entonces el derrotero de ambas cosas —activo financiero y reputación— al final del camino tiene que ver con las percepciones que tenemos los seres humanos.

---

69. *Reputational Risk Study*. Deloitte. 2014. <www.deloitte.com>.

Por eso, así como los grandes operadores de Wall Street siguen las acciones en las que invierten segundo a segundo en sus pantallas de Bloomberg o Reuters, todos deberíamos tener en la pantalla de nuestra computadora un gráfico que nos fuera señalando, segundo a segundo, cómo se está comportando nuestra reputación.

De esta manera el cuidado y el manejo de la reputación tienen que ver con estar tomando, segundo a segundo, las decisiones adecuadas para encarar los riesgos suficientes como para que el negocio crezca y al mismo tiempo hacerlo con bastante cautela como para que por un descuido no se esfume lo construido durante décadas.

Se trata de hacer una administración inteligente y cuidar ese activo, teniendo la precaución de estar en el momento justo en el lugar indicado, estar atentos a lo que uno hace. Porque en los tiempos que corren, se sube tan rápido como se baja y lo que nos ayudó a llegar al cielo puede ser lo mismo que nos funcione como peso muerto y nos sumerja en las profundidades.

¿Cómo se enfrenta un problema reputacional?

Es imposible encontrar una fórmula para enfrentar un problema con la reputación. Sí pueden existir herramientas que funcionen como guías. El primer paso ante un evento que afecta nuestra reputación es medir qué tipo de impacto se generó: ¿fue en la salud?, ¿en la vida de las personas?, ¿en el medioambiente?, ¿tuvo repercusiones financieras? Luego se dimensiona cuán influyentes son las personas impactadas, qué tan creíbles son las fuentes. Y por último se analiza la probabilidad de escalamiento a nivel reputacional: ¿qué tanto se puede usar la crisis en contra de nosotros?, ¿qué probabilidades hay de que desemboque en una acción legal?, ¿hay que pensar en un escenario en que se cambie la regulación?, ¿hay chances de que se tomen medidas políticas en contra?, ¿es factible que escale a nivel mediático o de redes sociales?

Las respuestas a todas estas preguntas dan una ponderación que marcará los pasos por seguir. Si aún no hay que hacer nada, pero sí monitorear continua y frecuentemente la situación; si hay que accionar, pero solo con determinado público; o si llegó el momento de realizar una comunicación masiva hasta llegar, quizás, a niveles de saturación.

Todos estos indicios sirven de guía. No se trata de aplicarlos siempre sin importar la particularidad del caso. Porque hay que contraponerlo al contexto del momento. Siempre la pregunta número uno que todos hacen es: ¿respondo o no respondo? Y no hay una respuesta unívoca.

Lo ideal es analizar cada caso en particular desde todas las perspectivas. Pero hoy no hay duda de que, si no hicimos el trabajo de conectar con todos los actores de nuestro entorno antes de que surgiera ese problema de reputación, nuestras posibilidades de éxito son escasas.

Actualmente, no sirve salir a apagar incendios, incluso ni siquiera tener manuales de cómo hacerlo. Lo único que vale es tener un Propósito Compartido con nuestro entorno para poder activar a todos los actores en momentos en que necesitamos defender nuestra reputación.

A modo de cierre: la Estrategia Orbital

Queda claro que el mundo cambió, que nuestras expectativas acerca de él ya no son las mismas y que se alteraron tanto los espacios como los roles que ocupamos cada uno de nosotros en este nuevo mundo. Nuestro acceso a la información se volvió prácticamente ilimitado, nos libramos de la tiranía de los medios unidireccionales, volvimos a conversar y a vivir en una aldea donde todo se cuenta y todo se sabe.

Hoy todos somos actores empoderados, ya no hay públicos pasivos que esperan ser impactados. Por eso la comunicación tal como la entendimos siempre es cosa del pasado. Ya no hay emisores que disparan un acto de comunicación y receptores que mansamente lo reciben. Hoy todos somos emisores y receptores al mismo tiempo, y somos parte de millones de conexiones simultáneas, durante las cuales compartimos intereses, información, opiniones y modos de ver las cosas. El mundo de las comunicaciones de hoy es una verdadera cacofonía, dentro de la que, a menos que hayamos establecido alguna conexión, es imposible hacerse oír.

¿Por qué entonces muchos siguen insistiendo en hacer las cosas como se hacían antes?

Hay innumerables ejemplos de empresas grandes y sofisticadas en sus respectivos negocios que, desde el punto de vista comunicacional, se comportan como en el pasado. ¿Qué hizo el banco estadounidense Wells Fargo en 2016 cuando las autoridades descubrieron un fraude contra dos millones de consumidores a quienes se les habían abierto cuentas bancarias sin su consentimiento? Culpó a sus empleados, dijo que el fraude había sido cometido por unas cuantas ovejas negras que, como no podían cumplir sus metas, inventaron clientes. ¿No se dio cuenta Wells Fargo de que sus empleados hoy son actores empoderados, conectados con millones de otros seres del mundo y capaces de hacer llegar su versión hasta el fin del planeta en cuestión de segundos?

No, no se dio cuenta, en parte porque el ser humano tiende a reaccionar ante nuevas situaciones sobre la base de experiencias pasadas. Cuando enfrentamos una experiencia parecida a alguna ya vivida, solemos recurrir a la solución que nos sirvió en aquel entonces. De ahí viene la obsesión de las sociedades occidentales con las estadísticas. Miles de analistas predicen todos los días cómo van a comportarse las acciones en la Bolsa de valores, la economía o hasta un equipo de fútbol a partir de cómo lo hicieron en el pasado en circunstancias similares.

Hoy, por los cambios tan radicales que estamos viviendo, necesitamos desprendernos de esa tendencia. Lo que pasó, pasó. Los temas de ahora no pueden abordarse con herramientas del pasado. Necesitamos inventar todo el tiempo nuevas formas de hacer las cosas. Esto genera un sentido de inseguridad y de vulnerabilidad. Nos cuesta salir de los lugares conocidos. Por eso tratamos de volver siempre al pasado.

Pero la realidad nos devuelve a nuestro actual futuro-presente. Vamos y venimos, y no avanzamos en los cambios estructurales que tenemos que hacer. Pero así no se puede. Si seguimos atrincherados, nos va a pasar el tren bala por encima.

La escritura de este libro coincidió con el ascenso de Donald Trump a la presidencia de los Estados Unidos y con sus primeros meses de gobierno, caóticos y desconcertantes. Un intento de vuelta al pasado, claramente. Un manotazo de ahogado de millones de estadounidenses que quieren bajarse de este tren bala que los lleva a una realidad desconocida, para la que se sienten mal preparados.

Es cierto que Trump ganó apelando a un Propósito Compartido con esos millones de personas: "Hacer a Estados Unidos grande otra vez". Sin embargo, en los primeros meses ya se notó que la estrategia del presidente para devolverle a su país el lustre perdido era hueca y, lo que es peor aún, estaba anclada en el pasado. Entre sus ideas estaba la de cerrarse al mundo en vez de colaborar, esconder en vez de transparentarse y cuidar los intereses propios en vez de encontrar lugares compartidos. La única fuerza del nuevo mundo a la que Trump parecería adscribir es la velocidad.

A medida que avanzaba el libro se multiplicaban los desatinos del presidente, que se manifestaron también en la comunicación. Lo que había funcionado de mil maravillas en la campaña —las provocaciones, la controversia, el histrionismo— no sirvió de nada una vez que estuvo en el gobierno. Rápidamente quedó claro que, a la hora de gobernar, había poca sustancia. Y en este mundo transparente, un personaje sin sustancia como Trump con una cuenta de Twitter es muy peligroso, sobre todo para sí mismo.

Asediado, el presidente recurrió a viejas estrategias para salirse de los muchos aprietos en los que terminó metido. Intentó usar temas controvertidos (el lugar de los transexuales en las Fuerzas Armadas, la moralidad de los grupos supremacistas blancos y neonazis) para cambiar de foco. Salió a desmentir hechos fácilmente comprobables.

Nada le sirvió. Su popularidad se derrumbó rápido hasta que, 8 meses después de asumir la presidencia, solo lo apoyaba su base más acérrima, que representa alrededor del 35 por ciento de la población estadounidense. Trump perdió en menos de un año a todos los votantes independientes y a los moderados (entre ellos, a muchos republicanos). En realidad, nunca logró conectar con ellos. Y aún ni siquiera sabemos cómo termina esta historia.

¿Qué le pasó? Trump no tuvo en cuenta que el mundo de hoy responde a una lógica nueva, diferente. A la gente no se le puede taladrar la cabeza, por más que el taladro esté en manos del presidente de los Estados Unidos.

Hoy somos todos actores empoderados, ya no somos públicos pasivos, y nos movemos —y esperamos que quienes conectan con nosotros también lo hagan— con espíritu de colaboración, velocidad, transparencia y conciencia social. Lo que en el caso de Trump empezó como un Propósito Compartido, un espacio en común entre él y los habitantes de los Estados Unidos, terminó siendo apenas un eslogan.

Un verdadero Propósito Compartido

Primero hablemos un poco de *management*. Muchas veces se confunde el Propósito Compartido con otros conceptos usados en el mundo de los negocios, como la misión o la visión de una empresa. El propósito no es ni la misión ni la visión de una organización, el propósito va mucho más allá que estos dos conceptos y por eso se aplica tanto a organizaciones comerciales como a gobiernos, ONG, e incluso a individuos.

Hagamos un repaso acerca de qué significan cada una de estas palabras.

La misión establece qué es la organización y suele incluir cómo esta pretende satisfacer a todos los actores. La visión describe lo que la organización desea ser en algunos años. En temas organizacionales se habla además de valores, es decir de las pautas de comportamiento de una empresa al describir su cultura deseada, y de la determinación estratégica (también conocida en español como el propósito estratégico), que es lo que la compañía debe hacer para lograr su misión y visión.

El Propósito Compartido es la partícula más indivisible de todo ese sistema, es el centro, es la razón por la cual una organización existe y es la base sobre la que se apoyan todos los demás conceptos. Antes en el *management* se consideraba que la misión y la visión eran la base de todo. Pero al igual que lo que pasó en la física, que fue descubriendo que lo que pensaba que era la base de todo, la molécula, estaba en realidad compuesta de átomos y que estos átomos estaban compuestos a su vez de electrones, protones y neutrones, el mundo de los negocios fue descubriendo capas más profundas que la misión y la visión. En la base de todo está el propósito. Siempre estuvo, pero, como los electrones, no lo veíamos. Ahora sabemos que existe y que es fundamental.

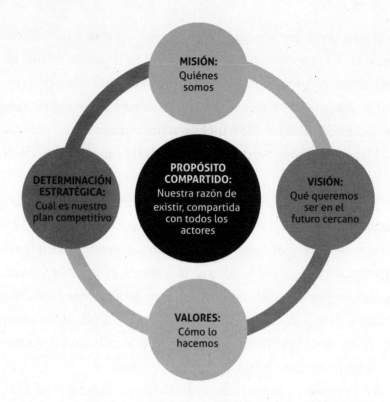

¿Pero qué es entonces este Propósito Compartido, que se encuentra en la base de cualquier forma de organización? En pocas palabras, es la intersección entre nuestro interés particular y el interés colectivo.

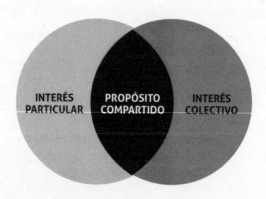

No existe Propósito Compartido posible sin una idea muy clara de cuál es nuestro interés particular (que en el caso de una empresa puede ser el objetivo de su negocio, pero en el caso de un individuo puede ser su razón para vivir o su pasión por algo en particular). No podemos armar una organización cuyo Propósito Compartido sea, por ejemplo, que no haya más niños desnutridos en el mundo si nuestro interés comercial no es alimentar a los niños o si nuestra pasión individual no es ayudarlos.

Sospecho que eso es parte de lo que pasó con el propósito de Trump. ¿Quiere el presidente realmente hacer que Estados Unidos vuelva a ser pujante o está usando la presidencia con otros fines? No lo sé, pero dados los primeros resultados desalentadores de su presidencia, vale la pena preguntárnoslo.

De la misma manera, tampoco hay Propósito Compartido posible sin una idea muy clara de cuál es el interés colectivo. ¿Cómo saber en qué coincidimos con nuestro entorno si no conocemos lo que le interesa, lo que busca, lo que lo apasiona?

Así el proceso para llegar a un Propósito Compartido genuino es una destilación entre nuestro interés particular y el interés de la gente, es decir, el interés colectivo. Es un camino en el que entendemos quiénes somos y cuál es nuestro entorno y vamos descartando cosas en las que no coincidimos hasta llegar a aquello en lo que estamos de acuerdo, aquello que compartimos.

Encontrar nuestro Propósito Compartido es siempre un proceso colaborativo que requiere introspección. No es un ejercicio ligero, en el que nos "inventamos" una razón de ser. Un Propósito Compartido no es un eslogan, no es una frase que rima. Nuestro Propósito Compartido, para ser poderoso, tiene que ser auténtico.

En la empresa que dirijo, Newlink, diseñamos un proceso colaborativo, al que llamamos Estrategia Orbital y con el que ayudamos a nuestros clientes a encontrar su Propósito Compartido. Con una metodología específica y mecanismos que funcionan como gatillos, los invitamos a investigar dónde su interés particular coincide con el interés colectivo.

Hacemos esto con organizaciones de todo tipo y también con individuos, porque tener un Propósito Compartido ya no es una elección. En el mundo en el que vivimos —en el que nos quedamos sin pasamanos, donde todo cambia rápidamente antes de que nada llegue a consolidarse, en el que todos tenemos poder y estamos hiperconectados— es una obligación para sobrevivir.

Conexiones y más conexiones

¿Cómo se traduce todo esto a la forma en que nos comunicamos hoy?

En el mundo actual dejamos de hablar de comunicaciones y hablamos de conexiones, de puntos de contacto. El objetivo no es pasarle información a otro, el objetivo es conectar a través de lo que decimos y lo que mostramos, en gran parte mediante nuestra participación en conversaciones en plataformas digitales y sociales.

Eso sucede, ya lo dijimos, desde un Propósito Compartido, pero la lógica misma de cómo conectamos ha cambiado. Antes partíamos de una idea central, un mensaje, que emitíamos a través de diversos canales. Esa idea se adaptaba a cada audiencia, en algunos casos incluso no era única y cambiaba radicalmente dependiendo de con quién estábamos hablando. Podíamos tener varios discursos simultáneos. Es decir que una empresa podía decirles a sus empleados que les pagaría con 15 días de atraso porque tenía problemas de caja, decirles a sus clientes que el negocio iba a las mil maravillas y darles a sus proveedores cheques diferidos a 150 días.

Hoy las barreras que separaban a esas viejas audiencias se derrumbaron. Piensen en el Berlín de la Guerra Fría. Un muro separaba a los alemanes del este de los del oeste. Los del este sabían acerca de los del oeste y viceversa, pero nadie sabía bien qué sucedía o de qué se hablaba del otro lado.

Hoy ese muro se cayó. Todo el mundo sabe todo. El CEO, la secretaria, el cliente y el proveedor conviven y coinciden en distintas plataformas. Nuestro entorno, al que yo llamo la Órbita Primaria, está empoderado y vive en un contexto de transparencia casi absoluta. Si somos una persona, nuestra Órbita Primaria está compuesta por nuestra familia, colegas y amigos. Si somos una organización, son nuestros empleados, proveedores, socios, inversores y clientes.

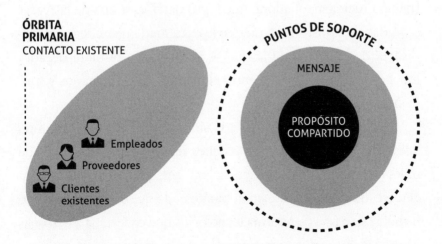

Todos los integrantes de la Órbita Primaria son actores empoderados, interconectados y con un acceso casi irrestricto e inmediato a la información. Por eso, si intentamos ordenarlos a través de la imposición de una agenda, no funciona. Si intentamos "instalar" un tema, no funciona. Si intentamos ir contra la corriente, no funciona.

Pero cuando conectamos con los intereses y los objetivos de todos los actores de la Órbita Primaria, todo empieza a funcionar. Esa conexión en gran medida ya no se establece a través de un acto de comunicación unilateral (la televisión aún tiene influencia, pero la está perdiendo rápidamente). Se establece a través de conversaciones en medios sociales y digitales, que pueden ya estar sucediendo o que podemos proponer nosotros mismos. Pero, en cualquier caso, esas conversaciones tienen que partir de un Propósito Compartido, es decir, de algo que tenemos en común con nuestro entorno.

Piensen en el caso de Uber. Mucho antes de que la empresa cayera en una espiral descendente a causa de varios escándalos en los que se vio envuelto su fundador, Travis Kalanick, Uber fue una fuerza arrolladora, que logró derribar a una de las vacas sagradas de la historia moderna: la extremadamente regulada industria de los taxis, de la que se alimentaron durante décadas muchos grupos de poder, entre ellos muchos empresarios y funcionarios de gobierno.

Nadie podía manejar un taxi sin antes haber comprado una licencia. Y esas licencias, en muchos países, costaban cientos de miles de dólares. Pero entonces llegó Uber, que logró escurrirse en el mercado amparándose en la hipótesis de que no era un servicio de taxis, sino una plataforma tecnológica que conectaba a personas con autos disponibles con personas que necesitaban transporte.

Para cuando la industria quiso contraatacar, ya era tarde. Uber había tocado una fibra, había logrado articular un Propósito Compartido. En los mercados en los que el gobierno y la industria atacaron a Uber, amenazando con prohibirlo, los clientes mismos salieron a defenderlo. En varios países hubo marchas apoyando a Uber, con la consigna, muy de estos tiempos, #Ubersequeda. Y se quedó.

La comunicación siempre tuvo un punto de origen, pero este origen antes partía de un poder importante por parte del emisor: el dinero para potenciar a los medios de comunicación masiva que impactaban a mucha gente. Antes de los medios sociales había que iniciar la comunicación con dinero y acciones concretas. Hoy podemos utilizar una fuerza que ya existe, la de la conversación en los medios sociales, a través de nuestra participación en ella.

Se ha creado una fórmula espectacular: la accesibilidad a plataformas que impactan a grandes cantidades de personas (y el hecho de que ahora la gente influye sobre la gente), más el espíritu de colaboración. Esa fórmula hace que en vez de comunicar empujando nuestro mensaje con dinero y medios, conectamos a través de nuestra participación en la conversación. En este nuevo esquema, lo que queremos contar se mueve solo y empieza a dar vueltas mucho más rápido.

Coherencia en la transparencia

Un Propósito Compartido nos da además coherencia, porque es auténtico y nos describe como realmente somos. Es también una base conceptual sobre la que podemos construir, llegado el caso, un mensaje, un reclamo y un eslogan.

Y así, desde nuestra Órbita Primaria, participamos en millones de conversaciones y conexiones diarias. Muchas suceden a través de los medios sociales (tuits, posteos de Facebook, etcétera), otras a través de los medios tradicionales (entrevistas, publicidades) y otras simplemente por la vida diaria (una interacción con un vecino, o con la maestra de nuestro hijo). Pero si surgen de nuestro Propósito Compartido todas son consistentes y presentan una imagen coherente de quiénes somos.

Y eso impacta a la segunda órbita de este modelo, la Órbita Potencial, formada por todos esos actores que (aún) no tenemos. Son los que queremos conseguir. Son clientes que todavía no hemos alcanzado, inversores y proveedores potenciales, el gobierno y el público general que no nos conoce.

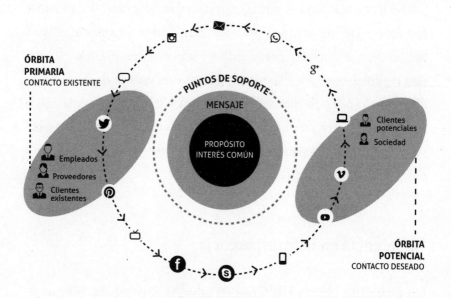

Todas las conexiones y comunicaciones en las que participamos son visibles desde la Órbita Potencial, dejamos marcadas huellas, como dedos en un vidrio. No podemos controlar esa Órbita Potencial, a veces ni siquiera la conocemos, pero está ahí y, si quiere, puede enterarse de todo lo que hacemos y decimos. Si toda nuestra huella está basada en un Propósito Compartido, esos actores ven a alguien auténtico y coherente. Pueden compartir nuestros intereses o no, pero tendrán una imagen clara y precisa de quiénes somos y cuál es nuestra causa.

Por eso decimos que la comunicación concebida como maquillaje ya no tiene efecto. El taladro en el cerebro, es decir, la persuasión a través de medios masivos que invaden los diferentes sentidos, aprovechando momentos específicos de entrega (por ejemplo, cuando la publicidad en la telenovela aparece justamente en el momento de mayor pasión), ya no tiene el efecto y cada vez lo tendrá menos. No desaparecerá, pero tendrá una importancia e impacto limitados. Es ya (y será) todo más democrático porque una de las cuatro fuerzas que considero que rigen el mundo de hoy, la transparencia, es tal que ya no es posible decir una cosa y ser otra. Las desconexiones entre lo que somos y lo que decimos ser son evidentes.

Esa es la razón por la cual es fundamental tratar de tener las conversaciones correctas en la Órbita Primaria, ya que si no nuestra potencialidad se acorta. Es más, cuanto más alineados estamos con nuestro entorno primario, más aliados tendremos a la hora de recibir ataques o enfrentar dificultades.

Como decíamos al principio de este libro, en el mundo de hoy ya no hay certezas. Y esto se aplica también a la forma en que nos conectamos. En el mundo anterior una buena cantidad de dinero podía garantizar el éxito. Una empresa podía invertir millones de dólares en publicidad en televisión y tener la certeza de alcanzar a un número determinado de personas.

Hoy hay tantas probabilidades de tener éxito como de fracasar. Por eso, en este mundo en el que ya no hay públicos pasivos y somos todos actores empoderados, en un entorno transparente en el que todo lo que hacemos y decimos da la vuelta al mundo instantáneamente, lo único que nos queda es aceptar que estamos expuestos en una vidriera y mostrarnos tal como somos, conectando con los demás a través de un Propósito Compartido.

Agradecimientos

Una de las principales premisas de este libro es que hoy, gracias a la tecnología, estamos todos conectados e influimos unos sobre otros. Así, esta obra es hija de su tiempo, porque no hubiera sido posible sin esta red de conexiones humanas en que se ha convertido el mundo actual.

Infinitas interacciones con muchísimas personas a lo largo de varios años alimentaron mi comprensión de este nuevo mundo y la teoría que he desarrollado para explicarlo. En ese sentido tengo una deuda de gratitud con esta inteligencia colectiva, que sigue enriqueciéndome día tras día.

Sin embargo, quiero reconocer de forma especial a Alejandra Labanca, sin quien este libro nunca hubiera visto la luz. Su generosidad intelectual, así como su dedicación y profesionalismo, iluminaron mi camino a medida que avanzaba en el manuscrito. A ella, y a Ximena Sinay, quien nos asistió con su gran talento e infinita paciencia, gracias por acompañarme en este maravilloso recorrido.

MIAMI, JULIO DE 2018

Expuestos de Sergio Roitberg
se termino de imprimir en mayo de 2019
en los talleres de Corporativo Prográfico, S.A. de C.V.,
Calle Dos Núm. 257, Bodega 4, Col. Granjas San Antonio,
C.P. 09070, Alcaldia Iztapalapa, Ciudad de México, México.